江苏灌区农业用水计量设施建设及信息化设计方法

董阿忠　杨　星
王志寰　侯　苗 ◎编著

河海大学出版社
HOHAI UNIVERSITY PRESS
·南京·

图书在版编目(CIP)数据

江苏灌区农业用水计量设施建设及信息化设计方法 /
董阿忠等编著. -- 南京：河海大学出版社，2023.3
ISBN 978-7-5630-8209-4

Ⅰ. ①江… Ⅱ. ①董… Ⅲ. ①灌区－用水管理－研究
－江苏 Ⅳ. ①S274.1

中国国家版本馆 CIP 数据核字(2023)第 050786 号

书　　名	江苏灌区农业用水计量设施建设及信息化设计方法	
书　　号	ISBN 978-7-5630-8209-4	
责任编辑	彭志诚	
文字编辑	陈晓灵	
特约校对	薛艳萍	
装帧设计	槿容轩	
出版发行	河海大学出版社	
地　　址	南京市西康路 1 号(邮编:210098)	
电　　话	(025)83737852(总编室)　(025)83722833(营销部)	
经　　销	江苏省新华发行集团有限公司	
排　　版	南京布克文化发展有限公司	
印　　刷	广东虎彩云印刷有限公司	
开　　本	718 毫米×1000 毫米　1/16	
印　　张	14.25	
字　　数	260 千字	
版　　次	2023 年 3 月第 1 版	
印　　次	2023 年 3 月第 1 次印刷	
定　　价	78.00 元	

目 录

附件
江苏省农业用水计量设施管护情况调研

第一章

绪论

1.1　背景意义

农业是用水大户,也是节水潜力所在。我国农田水利基础设施薄弱,运行维护经费不足,农业用水管理不到位,水资源稀缺程度和生态环境成本等问题不能得到有效反映,价格杠杆对促进节水的作用未有效发挥,造成农业用水方式粗放。

2014 年 3 月 14 日,习近平总书记在中央财经领导小组第五次会议上,从全局和战略的高度,就我国水安全问题发表了重要讲话,明确提出"节水优先、空间均衡、系统治理、两手发力"的新时期水利工作思路。习近平总书记将"节水优先"放在第一位,足见对节水工作的重视。

2014 年 10 月,国家发展改革委、财政部、水利部、农业部联合,在全国 27 个省(自治区、直辖市)80 个县(市、区)启动了深化农业水价综合改革试点工作。在全面总结试点经验基础上,2016 年 1 月国务院办公厅印发了《国务院办公厅关于推进农业水价综合改革的意见》。此后,2017—2019 年,根据国家和各部委要求,江苏省关于农业水价综合改革的各项工作稳步推进。计量供水是农业水价改革的基础,在落实农业水价综合改革工作进程中,灌区逐步完善用水计量设施,细化计量单元,促使江苏省灌溉用水计量体系日趋完善。

2019 年 4 月 15 日,为贯彻落实党的十九大精神,大力推动全社会节水,全面提升水资源利用效率,形成节水型生产生活方式,保障国家水安全,促进高质量发展,国家发展改革委和水利部联合印发了《国家节水行动方案》(发改环资规〔2019〕695 号),提出全面深化水价改革、加强用水计量统计、强化节水监督管理、推进水权水市场改革、推动合同节水管理等要求。

从国家和江苏省近年来发展农业水价综合改革、节水行动的政策和趋势来看,农业灌溉用水计量技术和计量管理水平仍有较大的发展空间。推进农业灌溉用水计量设施的建设和管理,是促进农业水价综合改革进程、优化灌溉用水调度的必然要求。本项目调研和总结了江苏灌区计量设施建设和管理现状,分析了目前在计量设施建设和管护方面存在的主要问题,在介绍灌区常用计量方法、计量原理的基础上,讨论了不同计量方式的特点和适用条件,并开发研制了农业灌溉用水计量平台。项目研究成果对完善用水计量技术手段、优化用水管理模式、加快灌区高效率节水进程、促进灌区高质量发展等具有重要意义。

1.2 研究现状

量水,是实行计划用水、正确分配、合理使用灌溉水的重要手段,是实现计量收费的重要保证,是推动农业水价综合改革发展的基础性工作[1,2]。2020年,江苏省率先完成了农业水价综合改革任务,对量水建筑物和量水仪器提出了更高的要求:一方面,量水建筑物及仪器必须满足量水精度高、操作方便、稳定耐久的要求;另一方面,还必须满足造价低廉、经济适用、便于维护的要求,且应具有全面推广的价值。

1.2.1 计量设施建设现状

农业用水计量设施配套不全,计量设施技术标准或规范不统一,是计量设施建设中存在的主要问题。我国农田水利基础设施大多是在20世纪60至70年代建成使用的,由于后续配套设施不健全,有些量水设施经过多年使用,遭到了人为或自然的破坏[3-5]。此外,量水基础设施种类繁多,缺乏归纳、总结成果,也没有出台统一的技术标准或规范。部分市县改革目标不清,底数不明,农业用水计量设施建设不平衡,且仍有一些地区没有建设灌溉泵站。以江苏为例,安峰山水库灌区等相当一部分地区实现计量的灌溉面积占灌溉面积比例不到50%,其中,泾河灌区实现计量的灌溉面积占灌溉面积比例仅为28.8%,对于这些地区,如何计量、如何分配水权、如何核定水价,仍然是亟待解决的难题。

(1)农业用水计量精度现状

由于施工质量差、运行期局部淤积、适宜性不佳等现状导致的量水设施精度不高的问题,在一些地区仍然比较突出[6,7],影响农业用水计量工作的推广和普及。2006年,刘力员和曾辉斌[8]针对面广量大的斗、农渠,提出一种基于"细长板开启角与明渠流量关系"的量水方法来提高计量精度,并进行了一定的推广;2012年,胡荣祥等[9]结合用水试验,提出了适合浙江平原地区推广使用的量水方法;2017年,沈波等[10]采用现场测试的方法,系统地研究了根据泵站用电量计算灌溉用水量的电水转换法;2018年,宋卫坤等[11]研究分析了不同地区、不同规模的农村供水工程计量设备安装率存在差异的原因,以及量值不准的原因,提出提高精度的措施。

（2）量水技术和量水设备现状

国内外对量水技术和设备的研究最早始于 19 世纪 20 年代。1982 年，Replogle 和 Bos[12]进行了低计量水槽在灌溉水管理中的应用研究；1989 年，Keller 等[13]采用一维动量方程分析了梯形自由溢流；2005 年，刘焕芳等[14]提出了一种改进的灌区环面堰流量测量方法；2006 年，Goel[15]研究了一种用于小流域灌溉渠道流量测量的流量计；2009 年，Thornton 等[16]利用单个 Parshall 水槽测量超临界和亚临界状态下的流量；2010 年，Lee 等[17]采用 PIV 技术，利用表面流速和水位计算流量；2010 年，蔡守华等[18]研制了一种由挡板和水表井组成的直读式小型灌溉渠测水装置；2012 年，郑世宗等[19]提出一种由简易流量测量台、超声波水位计、GPRS 传输模块等组成的实时明渠流量测量系统；2017 年，耿介等[20]讨论了超声波流量计测量误差的来源及修正方法。

1.2.2　计量设施管理现状

（1）管理制度与设施维护现状

目前，农业用水计量设施配套管理制度成果相对不足。长期以来，管理部门和用水者主观上对水资源的重要性认识不够，使得"总量控制、定额管理"等一系列水资源管理措施未能有效落实，甚至部分地区未征收水资源费，无法体现水的经济价值，同时阻碍了水资源有偿使用制度的建立。管理人员专业素质参差不齐，缺少专业量水技术人员，尤其缺少掌握自动化、计算机等先进技术的量测人员，这一问题逐步凸显，急需具有较高职业道德素质和专业水平的管理人员，以保证高质量完成量水设施的建设、管理与维护工作，并确保所收集数据的准确、可靠。

（2）信息化、智能化建设现状

我国从 20 世纪 50 年代开始量水技术的研究，受当时科学技术等因素的影响，量配水的问题长期以来都是依靠人工观测、定时传递的方式来解决，时效性差、稳定性弱、灵活性不足等问题突出，因此计量工作信息化、智能化建设任重而道远[21-25]。2008 年，郝晶晶等[26]建立了水库模型，决策者可以通过模型生成灌区水量调度方案；2008 年，方桃和郑文刚[27]结合 GIS 技术和 GSM 技术开发了一套农业灌溉用水的远程调度、计量管理系统；2010 年，孟照东和赵丹[28]详细介绍了兴凯湖灌区吉祥分灌区灌溉现代化管理的方法、任务和内容，提出了实现灌区信息化、数据采集自动化的方法和途径；2018 年，方正等[29]研究了一种农田节水灌溉计量控制系统,以刷卡方式开机,使用脉冲水表自动计量水量,操作简便。

综上,国内外研究学者针对计量设施、设施管理、计量信息化进行了许多研究,但有关江苏计量设施建设现状及存在的问题研究较少,特别是结合江苏省不同片区、不同情况进行计量方案比选的研究非常少。因此,以江苏为例,以推动江苏省水价改革任务落地为目标,围绕计量设施比选、计量精度校核、管护工作评价、统计制度规范化、计量设施智能化等方向开展实质性的研究,具有重要意义。

1.3 研究内容

本书在对江苏省农业灌溉用水计量设施建设及管护情况充分调研的基础上,总结了用水计量设施建设和管护现状及存在的问题,介绍了灌溉站点典型的水量率定方法,研制了一个农业灌溉用水计量平台,并进行了示范推广。

(1)江苏省农业灌溉用水计量设施建设及管护情况研究

通过分五大片区开展实地调研和考察,了解江苏省灌溉用水计量设施建设和管护的发展历程,总结常用计量设施和管护组织类型,掌握计量设施管护制度、管护经费、管护考核等现状,针对目前江苏各灌区用水计量设施建设和管护过程中出现的问题,提出合理化对策及建议。

(2)江苏省农业灌溉用水计量方法研究

介绍了传统流速仪、超声波流量计、非常规渠道、电量水量转换模型、以电折水、以时折水和以油折水共7种江苏常用计量方法的计量(测流)原理、水量率定(测流)方法和灌溉站点水量计量实例,系统梳理了江苏灌溉站点不同水量率定方法的适用场景,分析了不同计量方式适用条件、计量精度和建设成本。

(3)农业灌溉用水计量平台研制及示范

针对江苏实际,构建了一套"农田用水点—乡镇水利站—区(县)水利局—市水利局—省水利厅"五级的大中型灌区灌溉用水管理体系,提出了一个基于区块链技术的大中型灌区灌溉用水计量平台,并进行了推广应用。

(4)计量对农业水价综合改革的推动作用

从水价形成机制、灌溉水有效利用系数测算、农业节水及节水监管等方面,分析了计量设施建设和长效管护对农业水价综合改革的推动作用。

1.4 技术路线

项目的技术路线如图 1.4-1 所示。

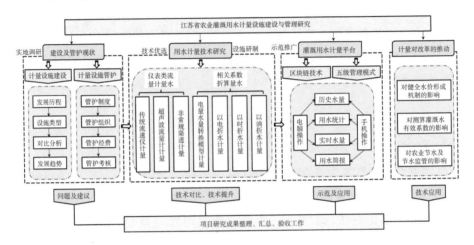

图 1.4-1 项目技术路线图

第二章

江苏省计量设施建设及管护情况研究

农业是用水大户，也是节水潜力所在。建设农业灌溉计量设施，实行用水计量收费，是提升节水成效的发展趋势。江苏省作为农业大省，自 2016 年来大力加快计量设施建设，全省计量设施建设基础较好，因此，本章节根据全省计量设施建设和管护现状调研结果，开展了计量设施建设和管护情况研究。研究成果对提高农业灌溉用水计量设施的建设和管理水平，对实现全省灌区科学节水、智能管水和精确控水具有重大意义。

2.1 计量设施建设情况

为摸清江苏灌区计量设施基本情况，项目组成立了 3 个调研组，于 2019年 8 月—2020 年 12 月对全省 13 个设区市 79 个涉农县（市、区）灌区计量设施建设和管护的台账资料进行了查阅，并根据《省政府办公厅转发省水利厅等部门关于大力推广节水灌溉技术着力推进农业节水工作意见的通知》（苏政办发〔2013〕114 号）文件精神，按照南水北调供水区、里下河区与盐城渠北区、通南沿江高沙土区、苏南平原区与圩区、丘陵山区等五大片区的分区特点，重点选取了其中 50 个涉农县开展了计量设施的建设和管护情况实地调研和考察，详细调研情况可参见项目组编写的《江苏省农业用水计量设施管护情况调研分析报告》。

这里需要说明的是，根据《江苏省农业灌溉用水定额（2019）》文件，全省省级灌溉分区现分为丰沛平原区、淮北丘陵区、黄淮平原区、故黄河平原沙土区、洪泽湖及周边岗地平原区、里下河平原区、沿海沙土区、盱仪六丘陵区、沿江高沙土区、通南沿江平原区、宁镇宜溧丘陵区、太湖湖西平原区、武澄锡虞平原区、太湖丘陵区、阳澄淀泖平原区等 15 个片区（图 2.1-1）。初步调研结果显示，新的分区调整结果不影响全省计量设施的建设和管护现状，因此为了简化研究内容，本项目沿用过去的五个分区成果进行研究。

2.1.1 发展历程

用水计量设施的建设和安装，是实行计划用水、节约用水，实现农业节水的重要基础工作，也是水资源管理工作的核心内容。江苏省灌溉用水计量设施建设发展历程可以分为 3 个阶段，如图 2.1-2 所示。

（1）2016—2017 年是前期规划阶段，此阶段也是江苏省灌区积极响应国家号召，推进农业水价综合改革的开始阶段。随着灌区对计量设施规划和建

图 2.1-1　江苏省农业灌溉分区图(2019 年)

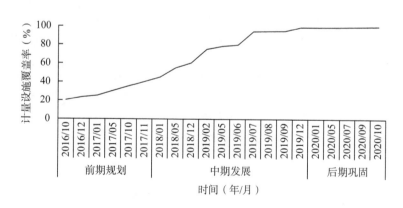

图 2.1-2　江苏省计量设施建设进度图

设的日趋重视,全省灌溉用水计量设施覆盖率由 20%(2016 年 10 月)上升至 40%左右(2017 年 11 月)。

　　(2)2018—2019 年是中期发展阶段,此阶段随着农业水价综合改革进程的不断推进,全省完成了小型提水灌溉泵站的计量供水,灌区灌溉用水计量设施覆盖率大幅增加,至2019年底,达到了99%左右。

(3) 2020年是计量设施建设的后期巩固阶段,2020年10月,全省所有灌区均配备了计量设施,计量设施覆盖率达到100%,这为江苏省在全国率先完成农业水价综合改革任务奠定了基础。

2.1.2 设施类型

1) 类型及特点

经调研分析,江苏省灌区常用的量水类型可分为"水工建筑物量水"、"特设量水设施量水"、"仪表类流量计量水"和"相关系数折算量水"共四类。根据区域特征、灌水需求等不同,江苏各灌区可采用不同类型的计量方式。

(1) 水工建筑物量水

"水工建筑物量水"(图2.1-3)属于直接量水方法,通常利用闸涵、渡槽、倒虹吸、跌水等不同渠系建筑物不同流态下的流量计算公式,选用适当的流量系数,再通过按一定要求设置的水尺,测得建筑上下游水位,推求得到流量和水量。

(a) 水尺   (b) 梯形断面渠道

图2.1-3 水工建筑物量水

(2) 特设量水设施量水

当渠系建筑物无法满足量水要求时,可利用量水堰、量水槽等特设量水设施(图2.1-4),通过堰流公式计算得到不同水位下的流量。

(a) 三角形量水堰　　　　　　　　　　(b) 无喉道量水槽

图 2.1-4　特设量水设施量水

（3）仪表类流量计量水

"仪表类流量计量水"（图 2.1-5）是利用电磁流量计等二次仪表，完成对渠道、管道等流量的测量，具有安装简便、读数方便、适应性强等优点，应用范围较广。

(a) 便携式电磁流量计　　　　　　　　(b) 管道流量计

图 2.1-5　仪表类流量计量水

（4）相关系数折算量水

"相关系数折算量水"属于间接量水方法，主要包括"以电折水""以时折水""以油折水"等方式，可在获取水泵电量、电机时间、柴油机运行时间以后，利用率定的相关系数快速折算出灌溉用水量。该方法因成本低、测算效率高等优点，推广应用前景十分广阔。

2）计量设施数量

2016 年以前，江苏省农业灌溉用水工程基本上未安装计量设施，从 2016

年开始,各地在新建的灌溉泵站及灌排结合站配套建设计量设施,加强农业用水计量,以促进农业用水管理,实现农业节水。目前,计量设施已覆盖全省大、中、小型灌区,其中大、中型灌区骨干工程与田间工程分界断面全部实现计量,小型灌区以泵站为单位实现计量。

调研结果显示,截至 2020 年底,全省共配备计量设施 137 235 台套,其中"水工建筑物量水"718 处、"特设量水设施量水"10 619 处、"仪表类流量计量水"19 796 台套、"相关系数折算量水"106 102 处,详细情况见表 2.1-1 和图 2.1-6。由图表可以看出,全省计量设施以"相关系数折算量水"方式为主,占比 77.31%;采用"仪表类流量计量水"方式次之,占比 14.43%;采用"特设量水设施量水"和"水工建筑物量水"方式最少,占比仅为 7.74% 和 0.52%。

表 2.1-1 计量设施类型及数量(截至 2020 年底)

计量类型	计量方式	计量数量/处或台套	占比
全省合计		137 235	100%
水工建筑物量水		718	0.52%
1	量水标尺	608	0.44%
2	利用渠道等建筑物	110	0.08%
特设量水设施量水		10 619	7.74%
3	量水堰＋量水槽	10 619	7.74%
仪表类流量计量水		19 796	14.42%
4	电磁流量计	8 988	6.55%
5	超声波流量计	7 660	5.58%
6	明渠流量计	1 605	1.17%
7	流量积算仪	983	0.72%
8	便携式电磁流量计	141	0.10%
9	超声波水表	419	0.31%
相关系数折算量水		106 102	77.31%
10	以电折水	57 411	41.83%
11	以时折水	41 112	29.96%
12	以油折水(流动机船)	7 579	5.52%

注:表中数据已作四舍五入处理。

2.1.3 对比分析

综合考虑设备成本、施工难度、管护成本、稳定性、精度、自动化程度、受

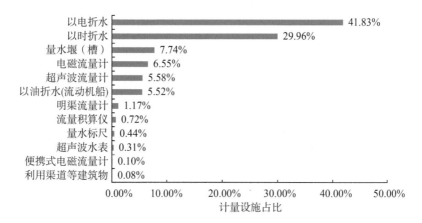

图 2.1-6 江苏省计量设施类型及占比

欢迎程度等因素,归纳总结江苏省不同计量设施的量水特点,详见表 2.1-2。

表 2.1-2 江苏省不同计量设施量水特点对比表

计量类型	计量方式	设备成本	施工难度	管护成本	稳定性	精度	自动化程度	受欢迎程度
水工建筑物量水	水尺	低	低	低	高	低	一般需要人工读取	一般
特设量水设施量水	量水堰+量水槽	高	高	较高	较高,要求加工精度高	无人值守	一般	
仪表类流量计量水	电磁流量计	高	高,安装严格	较高	较高	较高,受水杂质影响大	无人值守	较高
	超声波流量计	高		较高	较高			较高
	明渠流量计	高		较高	较高			较高
	流量积算仪	高		较高	较高			较高
	便携式电磁流量计	低	无	低	较高		需人工读取,但携带方便	较高
	超声波水表	低	低	较高	较高			较高
相关系数折算量水	以电折水	低	低	低	高	较高,需要定期率定	无人值守	高
	以时折水	低	低	低	高			高
	以油折水(流动机船)	低	低	低	较高			在泰州地区受欢迎

从上表中可以看出,从设备成本、施工难度、管护成本等角度来比较,利用"相关系数折算量水"的优势较大,其设备成本低、施工难度低、管护成本也低;从设备稳定性的角度来比较,利用"相关系数折算量水"和"水工建筑物量

水"稳定性高于"仪表类流量计量水"和"特设量水设施量水";从设备精度的角度来比较,除"水工建筑物量水"外,其余量水方式在定期率定条件下的计量精度均较高;从设备自动化程度的角度来比较,除"水工建筑物量水"和部分"仪表类流量计量水"需要人工读取外,其余都可无人值守,自动化程度较高;从受欢迎程度的角度来比较,"相关系数折算量水"最高,其次是"仪表类流量计量水","特设量水设施量水"和"水工建筑物量水"一般。因此,从整体来看,"相关系数折算量水"是值得推荐的计量方法,其次是"仪表类流量计量水"方法。

2.1.4 发展趋势

(1) 量水设施向易维护、低造价方向发展

对于地形平坦的平原区如何维持有效水头,扩大自流灌溉面积,减少由于量水而引起的水头损失,是人们在将来研制和开发量水设备时必须关注的问题。要避免"喝大锅水",就必须加强斗、农渠的量水工作,斗、农渠量水面广量大,其量水设施的价格要符合老百姓的承受能力。在当前农村经济欠发达的情况下,造价低廉、精度符合要求的量水设施必将是未来一段时间的主要发展方向。

目前,江苏灌区大多利用"相关系数折算量水"方式进行用水计量(表2.1-1和图2.1-6),这种量测方式具有成本低、测算效率高等优点,在各个灌区应用极为普遍,故提高此方法的量测精度是后续工作的重点。

(2) 田间量水向标准化(安装、管理)方向发展

田间量水设备数量庞大,由于施工队伍的技术水平和野外条件的限制,现场浇筑难以保证尺寸规范,材料和用工消耗也很高。随着灌区节水改造工程的实施,灌区基础设施状况将会明显改善,农业生产集约化程度将大大提高,灌溉用水条件将趋于一致,田间配水渠道也将趋于标准化,因此,发展标准化、装配式的量水设备,例如使用便携式仪表进行测量,是灌区田间量水技术发展的必然趋势。

目前,江苏灌区采用"仪表类流量计量水"的比例达14.42%,是除"相关系数折算量水"方式外,占比第二重的量水方式,因此,研究装配式流量计、便携式流量计等仪表类量水技术也是后续工作的重点。

(3) 灌区量水向信息化、自动化方向发展

随着我国灌溉体制改革的普遍推行和农业现代化水平的提高,自动化测

量和调控已经成为量水发展的趋势，是分析灌区量水发展的新方向。将先进量水仪器、先进量水技术同量水设施结合起来用于灌区量水，可实现信息采集监测数字化、远程化和自动化。

目前，江苏已建立江苏省智慧大型灌区平台和江苏省智慧水利云平台，依据这两个平台对灌区进行信息化管理。江苏省智慧大型灌区平台主要包括灌区可视化集中展示系统、灌区管理一张图系统、灌区信息采集处理系统、灌区量测水管理系统、灌区水费计收管理系统、灌区工程管理系统、灌区水价改革情况管理系统等。江苏省智慧水利云平台是以省厅为中心，连接全省 13 个设区市水利（务）局、8 个厅属工程管理处、13 个市水文局，以及县水利（务）局、管理处，基于水利专网为各级水利用户提供空间信息服务、属性数据服务和业务功能服务。

总的来说，江苏省大型灌区信息化程度高，建设和管理基础好，但中型灌区目前基础较为薄弱，各中型灌区信息化建设也存在一定的差异。目前，中型灌区的数据资源主要存在基础数据管理不规范、数据监测管理不完善的问题，基础数据管理方面也尚未形成统一的水利基础数据资源及更新系统，在一定程度上影响着灌区工作监督和领导决策。因此，随着国家和社会发展的要求，加快中型灌区信息化建设急切且必须。

2.2　计量设施管护情况

计量设施管护是供水计量设施运行过程中重要的一环，计量设施验收合格后，仍需进行定期维护与管理。根据《江苏省农业用水计量设施管护情况调研分析报告》，项目组按照南水北调供水区、里下河区与盐城渠北区、通南沿江高沙土区、苏南平原区与圩区、丘陵山区等五大片区进行分类，分别选择江都区、金湖县、泰兴市、昆山市、溧阳市为各片区典型案例，分析了各地计量设施的管护制度、管护组织形式、管护经费使用、管护考核机制等，归纳总结其中存在的问题，并提出改善建议，为全省计量设施长效运行提供了保障。

2.2.1　管护制度

为确保全省农业灌溉用水计量工作克服以往"重建设、轻管理，重使用、轻养护"的问题，结合江苏省农村水利工程和各地灌溉用水实际情况，建立计量设施管护制度、落实管护主体和相关责任是计量设施建设工作的关键。经调研分析可知,江苏省计量设施管护制度的建立和执行,具有"层层深入、分层指导、逐级落实"的特点。江苏省计量设施管护制度建立过程如图 2.2-1 所示。

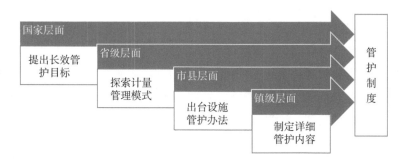

图 2.2-1 江苏省计量设施管护制度建立过程

(1) 国家层面

国家发展改革委、财政部、水利部、农业农村部印发了《关于加大力度推进农业水价综合改革工作的通知》(发改价格〔2018〕916 号),文件中明确农业水价综合改革的制度设计应涉及定额控制、供水计量、水价标准、奖补规定、用水组织、长效管护六个方向的改革目标。其中,"长效管护"是计量设施管护制度建设的一个重要方面,长效管护制度建设主要包括长期落实管护经费、建设长期管护队伍、建立管护制度及长期考核制度。

(2) 省级层面

2014 年《省水利厅 省财政厅关于印发〈江苏省小型农田水利工程管理办法(试行)〉的通知》(苏水农〔2014〕13 号)中提到要加强包括乡镇水利(务)站、农民用水者协会、水利合作社等在内的基层水利管理服务体系建设,积极探索社会化、专业化的多种工程管理模式。随后,在开展农业水价综合改革过程中,《省政府办公厅关于推进农业水价综合改革的实施意见》(苏政办发〔2016〕56 号)、《关于进一步深入推进全省农业水价综合改革工作的通知》(苏水农〔2018〕30 号)以及《关于深入推进全省农业水价综合改革的通知》(苏水农〔2019〕22 号)等文件均强调了加强管理服务体系建设,包括做好用水管理、水费计收等工作。

(3) 市县层面

全省涉及农业水价改革的 13 个设区市 79 个县(市、区)均出台了小型农田水利工程管护办法,办法中明确了全县(市、区)小型农田水利设施的管理办法,包括计量设施管护办法。

（4）镇级层面

全省部分地区如江宁区各街道、响水县各镇（社区）等街道办、镇政府印发了各街道、镇的小型农田水利田间工程管护考核办法，办法中明确了对各街道、镇小型农田水利田间工程的管护内容，包括计量设施管护内容。

2.2.2　管护组织

通过查阅各地水价综合改革台账资料、现场查看等方式，项目组对全省涉及改革的区域进行了管护组织情况调研，掌握了全省计量设施管护组织的发展历程、管护组织类型、管护组织运行情况、管护组织工作考核等4个方面的情况。

1）发展历程

江苏省各地推进工程管护组织多元化建设，鼓励因地制宜选择农民用水合作组织管理、农村集体经济组织管理、水管单位管理以及购买社会化服务等模式，构建完善以乡镇水利站为纽带，以灌区管理单位、农民用水合作组织、灌排服务公司等为主体，以村级水管员为补充的管理服务网络。

江苏省管护组织发展历程见图 2.2-2，从图中可以看出，全省管护组织建设可以分为3个发展阶段。

（1）2016—2017年是管护组织建设的前期阶段，此阶段基层管护组织正在积极、稳妥、有效建设中，全省管护组织覆盖率由20％（2016年10月）上升到了40％左右（2017年11月）。

（2）2018—2019年是管护组织建设的中期阶段，此阶段管护组织建设进度较快，至2019年底，全省管护组织覆盖率已经达到99％左右。

（3）2020年是管护组织建设的后期阶段，到2020年10月，全省管护组织覆盖率达到100％。

2）类型

经调研统计，全省现有管护组织5 675个（图2.2-3），管护组织类型包括农民用水者协会、农民用水服务专业合作社、农民用水灌排专业合作社、灌溉服务队、灌排服务有限公司、家庭农场/大户、圩区管理局、种植公司、维修养护处等，相较于2014年仅有的755个用水者协会，现状管护组织数量增加了约6.5倍，保证了江苏各灌区灌溉工程的正常运行。

3）运行情况

经现场调研，各管护组织运行章程、工程管护制度、灌溉管理及水费计收制度、管护组织考核机制、管护组织财务管理制度等较为健全（图2.2-4）。各

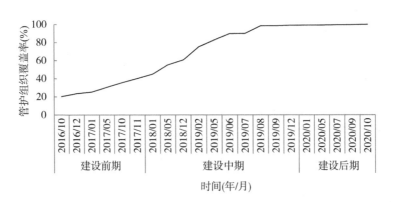

图 2.2-2 江苏省管护组织建设进度

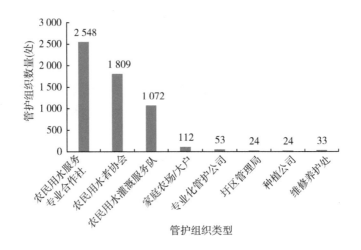

图 2.2-3 江苏省管护组织类型及数量

工程管护组织均制定了运行章程,明确了管护责任。管护协议、农田水利工程日常管护记录、管护考核等台账资料较为清晰(图 2.2-5)。

4)工作考核

管护组织考核依据签订的管护协议可分为水管单位与管护组织(或公司)、管护组织(或公司)与管护责任人、水管单位与管护责任人三种形式。均是根据管护协议约定的内容,明确双方工作内容、考核标准、考核内容。考核大多分为定期考核(汛前、汛后)、季度考核、半年考核、年度考核,结合季度考核、定期考核合计年度考核得分。考核内容包括:①台账资料:管护人员定期维护计量设施台账、水量记录台账;②现场查看:计量设施能否正常运行,计量设施运行操作是否符合规定,泵房内是否张贴计量设施使用规程等。

(a) 管护组织运行章程　　　　　　(b) 工程管理制度

图 2.2-4　管护组织制度

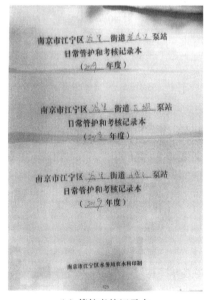

(a) 管护考核记录本　　　　　　(b) 水管员工作笔记

图 2.2-5　管护台账资料

通过查阅台账资料，全省计量设施管护组织考核总体达标。各管护组织管护协议、管护考核台账齐全,组织开展考核的过程合理,但也有部分组织考核工作存在一些问题:一是部分组织管护责任不明确、不规范,仍存在个别组织责任未明确,个别组织未及时签订管护协议,个别组织工程巡检、考核记录缺少等问题;二是部分组织管护工作不到位,部分管护人员年纪较大,维修工作不够及时;三是仍然存在一些计量设施只是摆设的现象,没有用水台账和运行维护台账。

在后续的工作中需要引起重视,严格管护责任,及时落实整改,开展形式多样的业务培训,杜绝计量设施只是摆设的现象,继续加强考核工作,提高计量设施的管理运行水平,提升管理效果。

2.2.3　管护经费

国务院办公厅 2016 年 1 月印发的《国务院办公厅关于推进农业水价综合改革的意见》(国办发〔2016〕2 号)明确要求统筹"农田水利工程设施维修养护补助"资金,用于精准补贴和节水奖励。2016 年 2 月,水利部印发的《水利部关于做好中央财政补助水利工程维修养护经费安排使用的指导意见》(水财务〔2016〕53 号)明确要求要统筹做好对各类农田水利工程维修养护的支持,既可以补助已基本完成水利工程管理体制改革任务的大中型灌区、泵站工程维修养护,也可以用于农村集体经济组织以及农民用水合作组织、农民专业合作社等新型农业经营主体开展小型农田水利工程维修养护。

(1) 资金投入情况

江苏省计量设施管护资金通常来源于工程管护资金,结合设施维修管护的实际情况,按照管护需要申请拨款。自 2016 年以来,江苏省共落实省以上管护经费 8.9 亿元,引导带动各地落实管护经费 23.4 亿元,亩均 5 年合计投入管护经费 11.89 元,即便是 2020 年受新冠疫情影响,江苏地方配套管护经费也达到了 3.32 亿元,详见图 2.2-6。

(2) 资金支付进度

各地建立了管护专项资金条目,每年能够做好支付前期准备,编制用款计划,合理提出支付申请并及时分配使用。管理部门内设机构各司其职,各负其责。能够做到认真审核用款申请,并及时下达用款额,保证计量设施的建设和管护工作有序稳步推进。

(3) 资金考核情况

调研区域计量管护资金规范使用,按实发放到位。各地区规范农田水利工程维修养护资金的安排和使用,建立专项资金考核发放机制,按照实际管

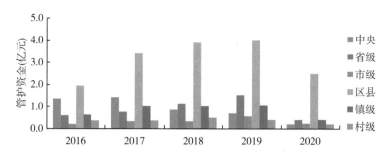

图 2.2-6　江苏省 2016—2020 年工程管护资金投入

理情况发放资金,确保专款专用,同时也建立了管理奖补资金分配使用的台账,能够做到管护账目较清楚、账实相符,资金使用效益提高,确保农业灌溉用水计量设施管护工作良性运行。

2.2.4　管护考核

计量设施验收合格后,仍需定期维护与管理,保证设施长效运行。计量设施的管护工作通常从两个方面进行考核,分别是计量设施考核和农田水利工程管护考核,二者同属农业水价综合改革工作。

在全省计量设施建设、管理、维护的发展过程中,计量设施管护考核制度不断发展和完善,由点及面、由浅入深、由加快设施建设到完善管护考核(图2.2-7),先后落实了小型农田水利工程管理考核工作,攻克了全省水价改革中最薄弱的小型农田水利工程管理维护难题;通过农业水价综合改革绩效评价工作,形成了每年度完善计量设施、明确管护责任、健全管护组织等管护考核机制;最后通过农业水价综合改革验收工作,规范了计量设施建设和管护的各步骤、各环节,巩固了全省农业水价综合改革成果。

图 2.2-7　江苏省计量设施管护考核发展和完善过程

（1）小型农田水利工程管理考核办法

2016 年,为切实加强江苏省小型农田水利工程管理考核工作,促进农村水利事业可持续发展,省水利厅、省财政厅发布了《江苏省水利厅、江苏省财政厅关于印发《江苏省小型农田水利工程管理考核办法(试行)》的通知》(苏水农〔2016年〕1号),明确了江苏省小型农田水利工程管理考核评分办法,制定了管理考核评分表,其中,农业水价综合改革工作共10分,占比10%,包括农业水价综合改革政策方案出台(2分),计量设施配套(1分),渠系配套及节水设施建设(1分),建立农民用水合作组织(2分),完成农业水权分配(1分),建立水价形成机制(1分),建立精准补贴和节水奖励机制(2分)。

自省级印发小型农田水利工程管理考核办法后,各县(市、区)依据此办法,结合地区实际也制定了地方的小型农田水利工程管护办法,以考核工程管护与用水管理为主,其中涉及计量设施部分的为:加快计量设施建设,加大管护工作投入,健全管理体制,创新运行管护机制,保证工程建得起、管得好、长受益。部分县(市、区)还结合实际情况制定适宜地方发展的考核指标,依据"小农水"管护考核标准,按百分制得分权重,兑现"小农水"管护经费。

(2) 农业水价综合改革绩效评价办法

2017年,省水利厅印发《江苏省农业水价综合改革工作绩效评价办法(试行)》(苏水农〔2017〕26号),每年评价一次。评价内容分为改革工作开展情况和任务完成情况,工作评价共20分,任务评价共80分。任务评价围绕改革实施范围、夯实改革基础、水价形成机制和奖补机制等改革重点任务进行评价,共设置14项细化评价指标,其中第9条配备完善供水计量设施设置分值8分,明确工程管护责任设置分值3分,健全管护组织设置分值2分,合理测算并制定农业水价设置分值13分。

自制定农业水价综合改革工作绩效评价办法以来,省级每年会编制全省年度工作绩效评价材料,围绕健全农业水权制度、出台工程管护办法、落实管护资金、明确用水定额、下达用水计划等方面,对全省改革工作进行总结。依据各地实际情况,对照赋分标准进行打分,并依据各地得分,安排奖补经费。

(3) 农业水价综合改革验收办法

2019年,省水利厅、省发展改革委、省财政厅、省农业农村厅等四部门联合印发了《江苏省农业水价综合改革工作验收办法》(苏水农〔2019〕27号)(以下简称《验收办法》)。该办法明确规定了江苏省农业水价综合改革工作验收依据、验收条件、验收组织和验收评定等。江苏省按照已出台的《验收办法》严格标准、规范程序,有计划、分阶段做好改革验收工作,在全国率先高质量完成农业水价综合改革任务。

工程管护及计量设施管护工作在此次改革工作中占有重要地位。《验收办法》第六条是验收必须满足的条件,其中第 2 点、第 3 点和第 5 点分别为计量措施覆盖全部改革区域;农业用水价格达到运行维护成本;管护主体和责任落实,管护组织运行良好。《验收办法》赋分对照表的第 7 条科学核算农业水价、第 14 条出台管护办法、第 15 条明晰工程产权、第 16 条落实管护资金、第 17 条明确管护责任和第 18 条完善供水计量措施共 24 分,总分占比 24%,占比较大,足见计量设施管护的重要。

2.3 五大片区实例分析

本节以南水北调供水区、里下河区与盐城渠北区、通南沿江高沙土区、苏南平原区与圩区、丘陵山区等五大片区内典型区为例,研究分析计量设施建设和管护情况。

2.3.1 计量设施建设情况分析

根据 2.1.2 节,全省灌区常用的量水类型可分为"水工建筑物量水"、"特设量水设施量水"、"仪表类流量计量水"和"相关系数折算量水"共四类。本小节按照五大片区分类,统计分析计量设施建设类型,结果如图 2.3-1 所示。

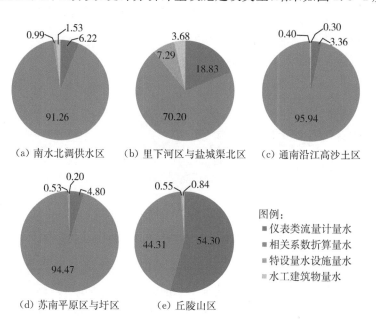

图 2.3-1 五大片区计量设施类型统计(单位:%)

从图 2.3-1 中可以看出：

(1) 各片区"相关系数折算量水"占比量大，其中，南水北调供水区、里下河区与盐城渠北区、通南沿江高沙土区、苏南平原区与圩区等四大片区以"相关系数折算量水"为主，占比分别为 91.26%、70.20%、95.94%、94.47%，而丘陵山区虽然以"仪表类流量计量水"为主，占比为 54.30%，但其"相关系数折算量水"占比也达到了 44.31%，这与前述 2.1.2 节全省计量设施类型占比的结论一致。

(2) 各片区"特设量水设施量水"和"水工建筑物量水"占比均较低，其中南水北调供水区、里下河区与盐城渠北区、通南沿江高沙土区、苏南平原区与圩区和丘陵山区的"特设量水设施量水"占比分别为 0.99%、7.29%、0.30%、0.53% 和 0.55%，"水工建筑物量水"占比分别为 1.53%、3.68%、0.40%、0.20% 和 0.84%。

2.3.2 计量设施管护情况分析

根据 2.2.2 节，全省管护组织类型包括农民用水者协会、农民用水服务专业合作社、农民用水灌排专业合作社、灌溉服务队、灌排服务有限公司、家庭农场/大户、圩区管理局、种植公司、维修养护处等九种类型，调研结果显示，五大片区中"农民用水服务专业合作社"和"农民用水者协会"两类型管护组织占比之和超过 90%，达 96.28%，因此，本小节主要讨论这两种管护组织类型，其分布情况如图 2.3-2 所示。

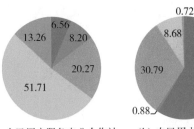

(a) 农民用水服务专业合作社　　(b) 农民用水者协会

图例：
■ 南水北调供水区
■ 里下河区与盐城渠北区
■ 通南沿江高沙土区
■ 苏南平原区与圩区
■ 丘陵山区

图 2.3-2 五大片区"农民用水服务专业合作社"和"农民用水者协会"统计(单位：%)

(1) 从图 2.3-2(a)中可以看出：各片区"农民用水服务专业合作社"占比不一，其中苏南平原区与圩区占比最大，超过 50%，为 51.71%；通南沿江高沙土区次之，为 20.27%；丘陵山区占比第三，为 13.26%；里下河区与盐城渠北区、南水北调供水区占比较低，均未超过 10%，分别为 8.20%、6.56%。

（2）从图 2.3-2(b)中可以看出：各片区"农民用水者协会"的占比也不一样，其中南水北调供水区占比最大，超过 50％，达 58.92％；通南沿江高沙土区次之，为 30.79％；苏南平原区与圩区、里下河区与盐城渠北区和丘陵山区占比较低，均未超过 10％，分别为 8.68％、0.88％和 0.72％。

2.4 问题及建议

2.4.1 存在的问题

（1）管护意识不够强

近年来，随着水利投入的增加，水利基础设施建设速度的加快，一些地方更重视基础设施的建设，对现有设施的强化管理没有给予足够的重视。水利系统内"重建轻管"的思想依旧存在，计量设施安装验收合格后，认为大功告成，忽视对现有设施的管理和维护，随着运行时间越来越长，部分计量设施出现损坏、老化的现象，大大降低供水计量的准确性，不利于水价改革政策的实施与执行。

（2）管护经费不充足

农村小型水利工程的管理和维护需要一定的经费，这是做好管护工作的基础。江苏省计量设备的安装经费绝大部分来自国家和省农业水价综合改革专项资金，县级专项配套资金较少。而部分量水设施安装和运行维护成本高，国家和省级资金不能满足计量设施管护的需要。尽管 2016 年 1 月印发的《国务院办公厅关于推进农业水价综合改革的意见》(国办发〔2016〕2 号)明确要求统筹"农田水利工程设施维修养护补助"资金，但对于基数较大的农村小型水利工程来说，用于管护的经费还是少之又少，用于计量设施管护的经费更是微乎其微。另外，管护经费基本依托于"小农水"管护经费，但申请程序复杂，能申请到的经费有限，因此，计量设施建成后，管护经费的来源和使用是计量设施建设、管理过程中的大问题。

（3）人员配置不到位

目前，灌区计量设施管理体系的人员配置不够科学，农业用水计量管护主要依靠设施建设单位，这些单位工作量大，人员数量紧张，往往缺少专业的管护人员，尤其缺少掌握自动化、计算机等先进技术的量测人员。部分地区借鉴先进地区的"道班化"管理模式，通过市场化方式选择小型农田水利设施工程管护主体(招标确定的管护单位),但由于大部分基层组织工作经费保障程度低,很难设立专业的管护团队。目前,各地区组建的管护团队大多没有经过正规培训,在计量设施的管理与维护上缺乏一定的经验,无法完全胜任计量管护工作。

(4)责任划分不明确

计量设施管护在农业水价综合改革实施方案中,既属于计量设施建设后期工程,又可归为"小农水"管护工程,因此出现了责任分工不明现象。施工单位通常在计量设施建设竣工后即认为工程完工,不再负责后续的管理与维护;而"小农水"管护的工程设施复杂多样,计量设施的管护工作极易被忽视。由于计量设施缺乏专业的管护人员,且施工单位和"小农水"管护主体二者责任划分不明确,部分地区甚至出现两个管护主体相互推诿的情况,使得计量设施管护工作处于空白交界地带。

(5)考核机制未落实

从国家层面、省级层面、市县层面到镇级层面,均出台建立了计量设施相关管护办法和管护考核办法,但专门针对计量设施的管护办法和考核制度是没有的,计量设施管护的办法都是依附于小型农田水利工程管护办法和农业水价综合改革考核机制。水价改革工作覆盖面广、涉及指标繁多,运行机制中又包括工程管护机制和用水管理机制,计量设施管护考核通常由两者综合赋分。由于管护责任不明,无法衡量计量设施管护在二者间的占比权重,无法有效得分。

2.4.2 对策及建议

目前,江苏省还需要加强计量设施管护力度,提高管护积极性,落实管护责任,并加强对管护组织的考核管理。

(1)加强组织领导

各地水行政主管部门和各灌区基层组织要充分认识到计量设施在灌区建设和运行中的重要作用,高度重视后期管护工作,保障计量设施正常运行。同时,制订出提高数据质量、强化数据应用、完善信息平台的工作计划,明确分工安排,压实工作责任,抓紧组织实施。

(2)明确责任范围

确定基层管护主体,明确划分管护范围,可以将管护工作列为专项工作。各地根据计量设施建设实际情况,出台计量设施管护方案,可以将管护工作明确划分于某一单位,也可以组织专业团队全权负责。管护方案可多样化,但必须明确管护责任主体。要求安排专业的管护人员和专项资金,并制定相应的考核监管机制,做到责任到人。

（3）加快资金筹集

地方各级水行政主管部门要加强与有关部门的沟通协调,多渠道筹集资金,鼓励社会资本参与到灌区计量设施建设和管护工作中,强化投入保障,对计量设施建设、计量设备检定或校准、信息平台建设及运维等予以支持。各地针对计量设施管理和维护设立专项资金,划分建设与管护的资金范畴,落实后期管护资金,对设施维护和平台运维等项目实行专款专用。

（4）组建专业团队

将计量设施的管理和维护作为独立的项目,由基层各区县成立管护小组或公开招标确立管护单位。对于成立的管护团队,由地方各级水行政主管部门提前进行培训和考察,确保团队的专业性。管护人员可采用聘用制,由水行政主管部门或用水者协会等负责选聘,并以书面形式规范管护人员的职责。

（5）严格监督考核

在已有农田水利工程考核制度基础上,细化有关计量设施管护的部分,制定专门的考核标准。在各基层成立计量设施管护团队后,由相关部门牵头成立相应的考核和督查机构,定期对各站计量设施管护情况进行检查,按百分制得分权重,发放管护经费。同时,对管护人员进行定量考核,量化排名,实行保证金制度,考核结果与工资多少、是否继续聘用等挂钩,奖惩分明,进一步增强管理人员的责任心。对工作组织不力、进度滞后、监管不到位的情况,以通报、约谈等方式督促整改,从而促进计量设施管护工作向法制化、规范化方向发展。

2.5　本章小结

明晰灌溉用水计量设施建设及管理维护的现状和发展中存在的问题是提高计量准确性、改善计量方式、提升计量技术的基础,本节通过分五大片区开展调研,以全省计量设施现状调研成果为基础,研究和分析了全省计量设施建设和管护情况,得到的主要结论如下:

（1）江苏省常用的量水类型可分为"水工建筑物量水"、"特设量水设施量水"、"仪表类流量计量水"和"相关系数折算量水"等四类,截止到2020年底,全省共配备计量设施137 235台套,且计量设施以"相关系数折算量水"方式为主,占比 77.31%;"仪表类流量计量水"方式次之,占比 14.43%;"特设量水设施量水"和"水工建筑物量水方式"最少,占比仅为 7.74% 和 0.52%。

(2) 现场调研和台账资料查阅显示,全省计量设施正朝着低水头损失、低造价方向发展;田间量水正朝着标准化、装配式、便携式方向发展;灌区量水也正朝着信息化、自动化方向发展。比较了各类计量设施类型的设备成本、施工难度、管护成本、稳定性、设备精度、自动化程度以及受欢迎程度,结果显示"相关系数折算量水"是最值得推荐的计量方法,其次是"仪表类流量计量水"方法。

(3) 江苏省计量设施管护制度的建立和执行,具有"层层深入、分层指导、逐级落实"的特点。其中,国家层面提出了长期落实管护经费、建设长期管护队伍、建立管护制度及长期考核的长效管护目标;省级层面根据国家要求,探索适宜性的计量管理模式;市县结合国家和省级目标,出台各地计量设施管护办法;镇级则是制定详细的管护内容,确保计量设施长效运行。

(4) 调研结果显示,截止到 2020 年底,全省共 5 675 个管护组织,包括农民用水者协会、农民用水服务专业合作社、农民用水灌排专业合作社、灌溉服务队、灌排服务有限公司、家庭农场/大户、圩区管理局、种植公司、维修养护处等 9 种管护组织类型;2016 年以来,全省及各地配套共落实工程管护资金 32.3 亿元,其中计量设施管护资金占比约 24%;结合小型农田水利工程管理考核办法、农业水价综合改革工作绩效评价办法以及农业水价综合改革工作验收办法,有序开展涉及计量设施管护的考核工作。

(5) 南水北调供水区、里下河区与盐城渠北区、通南沿江高沙土区、苏南平原区与圩区的"相关系数折算量水"占比量大,超过 90%,最高达 95.94%;"特设量水设施量水"和"水工建筑物量水"占比均较低,均未超过 10%,最低只有 0.2%,这与 2.1.2 节全省计量设施类型占比的结论一致。各片区"农民用水服务专业合作社"和"农民用水者协会"两种类型管护组织占比之和超过 90%,达 96.28%,且苏南平原区与圩区的"农民用水服务专业合作社"占比最高,达 51.71%;南水北调供水区的"农民用水者协会"占比最高,达 58.92%。

(6) 目前,江苏省计量设施的建设任务基本完成,重点是后期的管护工作,但分析结果显示,计量设施的管护工作仍存在管护意识不强、经费不足、人员配置不到位、责任划分不明确、考核机制未落实的实际问题。后续,还需要加大计量设施管护力度,提高管护积极性,落实管护责任,并加强对管护组织的考核管理。

第三章
江苏省农业灌溉用水计量方法研究

农业灌溉用水计量作为水资源管理的重要手段,对于解决农业水资源短缺、合理配置农业用水、提高农业用水效率和缓解水资源供需矛盾有着十分重要的意义。目前,江苏省常用的用水计量方法有"水工建筑物量水"、"特设量水设施量水"、"仪表类流量计量水"和"相关系数折算量水"等四类,根据江苏灌溉用水的地域特征、灌溉用水需求、计量和管护成本的不同,采用不同类型的计量方式。

本章以"仪表类流量计量水"和"相关系数折算量水"这两种全省应用最广的用水计量方法为研究重点,介绍不同计量方法的计量(测流)原理、水量率定(测流)方法和灌溉站点水量计量实例,并以江苏典型地区为例,分析不同计量方法的适用条件、计量精度和安装成本,最终提出适用于江苏灌区有效的、精确的水量计量方法。

3.1 仪表类流量计(量水设备)水量率定

3.1.1 传统流速仪水量率定

流速仪测流成果可用于分析率定水工建筑物流量系数、确定断面水位流量关系曲线、渠道水利用系数等方面。

1) 测流条件

采用流速仪测流时,应符合下列条件:

(1) 测流断面内测点流速不超过流速仪的测速范围;

(2) 垂线处水深不小于用一点法测速的必要深度;

(3) 水中漂浮物不应影响流速仪正常运转;

(4) 水位应平稳,一次测流起止时间内水位涨落差不应大于平均水深的2%。

测流渠段及测流断面应满足下列条件:

(1) 测流渠段平直、水流均匀;

(2) 测流渠段纵横断面比较规则、稳定;

(3) 测流断面与水流方向垂直;

(4) 测流断面附近不应有影响水流的建筑物和树木杂草等,测流断面在建筑物下游时,应不受建筑物泄流的影响;

(5) 在不规则的土渠测流时,应将测流渠段衬砌成规则的标准段(如梯形断面等)。

在测线布设时,测流断面上测深、测速垂线的数目和位置,应满足过水断面和平均流速测量精度的要求。垂线可等距离或不等距离布设。若过水断面和水流对称,则垂线应对称布设。平整断面上测速垂线布设间距应符合表3.1-1的规定。

表 3.1-1　平整断面上不同水面宽的测速垂线布设间距

水面宽(m)	测线间距(m)	测线数目
20～50	2.0～5.0	10～20
5～20	1.0～2.5	5～8
1.5～5	0.25～0.6	3～7

2) 测点流速计算

流速测点的分布应符合下列规定:

(1) 测量水面流速时,流速仪转子应置水面以下 5 cm 左右,以仪器的旋转部件不露出水面为准;

(2) 测量渠底流速时,流速仪旋转部件边缘应离渠底 2～5 cm,以不发生刷蹭为准;

(3) 垂线上相邻两测点的间距,不宜小于流速仪旋桨或旋杯的直径。

流速测量方法有一点法、二点法、三点法和五点法。测点位置应符合表3.1-2的规定。

表 3.1-2　垂线流速测点的分布位置

测点数	相对水深
一点法	0.6
二点法	0.2、0.8
三点法	0.2、0.6、0.8
五点法	0.0、0.2、0.6、0.8、1.0

注:相对水深为仪器入水深度与垂线水深之比。

表 3.1-2 中,各个测点流速可按式(3.1-1)计算:

$$V = KN/t + c \qquad (3.1-1)$$

式中:V 为测点流速,m/s;K 为流速仪旋转螺距,m/转;N 为转数,转;t 为测速历时,s;c 为摩阻系数,m/s。

3) 垂线流速计算

由前述测量出的各个测点流速,可以计算出垂线平均流速,具体方法如下：

(1) 一点法：测点设在相对水深 0.6 处，垂线平均流速按式(3.1-2)计算：

$$V_m = V_{0.6} \qquad (3.1\text{-}2)$$

(2) 二点法：测点设在相对水深 0.2 及 0.8 处，垂线平均流速按式(3.1-3)计算：

$$V_m = \frac{V_{0.2} + V_{0.8}}{2} \qquad (3.1\text{-}3)$$

(3) 三点法：测点设在相对水深 0.2、0.6、0.8 处，垂线平均流速按式(3.1-4)或式(3.1-5)计算：

$$V_m = \frac{V_{0.2} + V_{0.6} + V_{0.8}}{3} \qquad (3.1\text{-}4)$$

$$V_m = \frac{V_{0.2} + 2V_{0.6} + V_{0.8}}{4} \qquad (3.1\text{-}5)$$

(4) 五点法：测点设在相对水深 0.0(水面)、0.2、0.6、0.8、1.0(渠底)处，垂线平均流速按式(3.1-6)计算：

$$V_m = \frac{V_{0.0} + 3V_{0.2} + 3V_{0.6} + 2V_{0.8} + V_{1.0}}{10} \qquad (3.1\text{-}6)$$

式中：V_m 为垂线平均流速，m/s；$V_{0.0}$、$V_{0.2}$、$V_{0.6}$、$V_{0.8}$、$V_{1.0}$ 分别为 0.0(水面)、0.2、0.6、0.8、1.0(渠底)相对水深处的测点流速，m/s。测速方法应根据垂线水深来确定，不同垂线水深的测速方法应符合表 3.1-3 的规定。

表 3.1-3　不同水深的测速方法

	垂线水深(m)	>3.0	1.0~3.0	0.8~1.0	<0.8
总干、干、分干渠	测速方法	五点法	三点法	二点法	一点法
支、斗、农渠	垂线水深(m)	>1.5	0.5~1.5	0.3~0.5	<0.3
	测速方法	五点法	三点法	二点法	一点法

4) 断面流量计算

测流断面由各个垂线分割成不同部分，部分面积可按式(3.1-7)计算：

$$f_{n-1,n} = 1/2(D_{n-1} + D_n)b_{n-1,n} \qquad (3.1\text{-}7)$$

式中：n 为垂线序号，见图 3.1-1；$f_{n-1,n}$ 为第 $n-1$ 和 n 两条垂线之间的部分面积,m^2;D_n 为第 n 条垂线的实际水深,m;$b_{n-1,n}$ 为第 $n-1$ 和第 n 条垂线之间的部分断面宽,m。

部分流量可按式(3.1-8)计算:

$$q_{n-1,n} = V_{n-1,n} f_{n-1,n} \qquad (3.1-8)$$

式中:$q_{n-1,n}$ 为第 $n-1$ 和 n 两条垂线之间的部分流量,m^3/s;$V_{n-1,n}$ 为第 $n-1$ 和 n 两条垂线之间的部分流速,m/s;$f_{n-1,n}$ 为第 $n-1$ 和 n 两条垂线之间的断面面积,m^2。

断面流量可按式(3.1-9)计算:

$$Q = q_{0,1} + q_{1,2} + q_{2,3} + \cdots + q_{n,n+1} \qquad (3.1-9)$$

式中:Q 为断面流量,m^3/s。

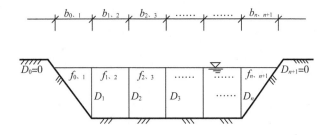

图 3.1-1　测流断面面积划分示意图

5)率定实例

本次试验选取了射阳县典型泵站作为率定对象,开展流速仪率定水泵流量的试验研究。

(1)试验条件

➢ 试验情况

试验时间:2020 年 6 月 15—16 日,共 2 天

试验地点:射阳县合德镇下圩村八中沟北解放河站

试验内容:利用流速仪进行量水试验,率定水泵流量

参与人员:河海大学徐绪堪、蒋亚东等共 6 人组成了率定小组,参与本次灌溉站点水泵流量测算试验。

➢ 泵站情况

泵站基本情况见表 3.1-4,泵站照片见图 3.1-2 和图 3.1-3。

表 3.1-4　泵站基础资料

泵站特性	数值
出水池平面尺寸	1.5 m×1.3 m
出水池出口闸门尺寸	内径 360 mm
出水池顶高程	0 m
进水池水位	−2.0 m

图 3.1-2　泵站照片

图 3.1-3　泵站现场照片

➢ 水泵情况

水泵基础资料见表 3.1-5,水泵照片见图 3.1-4。

表 3.1-5　水泵基础资料

水泵特性	参数	水泵特性	参数
水泵型号	350ZLB-100	额定流量	0.22 m³/s
额定扬程	4.34 m	电机功率	22 kW
额定转速	1 450 rpm	传动方式	直动
进口管道内径	360 mm	进口管道长度	0.3 m
出口管道内径	360 mm	出口管道长度	4 m
水泵安装高程	−1.71 m	生产厂家	盐城三爱泵业有限公司
生产日期	2015.05	安装日期	2016.01

图 3.1-4　水泵照片

➢ 渠道情况

试验渠道基础资料见表 3.1-6,渠道照片见图 3.1-5。

表 3.1-6　渠道基础资料

断面形式	U 形	渠顶高程	−1.0 m
渠顶宽度	1.05 m	渠道深度	0.7 m
渠道材料	混凝土	—	—

图 3.1-5　渠道照片

（2）试验过程及结论

测流试验选取的测流断面位置为从渠道入口沿输水渠道方向 8 m，上下游均无影响水流的建筑物，测流断面尺寸见图 3.1-6。率定试验时，出水池水位为−0.9 m。

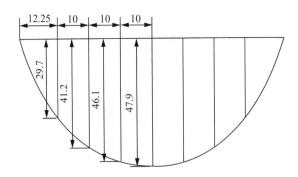

图 3.1-6　测流断面尺寸示意图（单位：cm）

➤ 流速仪测流步骤

① 垂线平均流速计算：由图 3.1-6 可知，测速垂线 1 的垂线水深为 0.297 m＜0.3 m、测速垂线 2 至测速垂线 4 的垂线水深在 0.3～0.5 m，根据表 3.1-3 的规定可知，测速垂线 1 的垂线平均流速的计算宜采用一点法［式（3.1-2）］、测速垂线 2、测速垂线 3、测速垂线 4 的垂线平均流速的计算宜采用

二点法[式(3.1-3)];

　　② 垂线间断面面积计算:依据式(3.1-7)计算各个垂线间断面面积;

　　③ 局部断面流量计算:依据式(3.1-8)计算局部断面流量;

　　④ 测流断面总流量计算:依据式(3.1-9)计算水泵流量。

详细计算过程见表3.1-7。测流现场情况见图3.1-7。

表3.1-7　水泵流量率定计算过程表

项目	测速垂线 1	测速垂线 2	测速垂线 3	测速垂线 4
垂线水深(m)	0.297	0.412	0.461	0.479
测点流速(m/s)	$V_{0.6}=0.895$	$V_{0.2}=0.905$ $V_{0.8}=0.902$	$V_{0.2}=0.885$ $V_{0.8}=0.881$	$V_{0.2}=0.895$ $V_{0.8}=0.881$
垂线平均流速(m/s)	0.895	0.903	0.883	0.888
垂线间距(m)	0.12	0.10	0.10	0.10
垂线间断面面积(m²)	0.018	0.036	0.044	0.047
局部断面流量(m³/s)	0.018	0.033	0.039	0.042
测流断面流量(m³/s)	0.264(对应装置扬程为1.1 m)			

图3.1-7　现场率定照片

➤ 试验结论

350ZLB-100型水泵在装置扬程1.1 m条件下的流量为0.264 m³/s。

3.1.2　超声波流量计水量率定

外夹式超声波流量计是所有类型的流量测量仪表中安装最简便和快捷的,只要在管道上选择一个合适的测量点,将测量点处的管道相关参数通过手操器输入流量计里,同时再将探头在管道上面固定好即可进行测量。

1) 工作原理

本节重点研究的外夹式超声波流量计属于时差法超声波流量计,其工作原理为:声波在流体中顺流、逆流传播相同距离时存在时间差,传播时间的差异与被测流体的流动速度有关,测出顺、逆流时间的差异就可以得出流体的流速。基本原理如图 3.1-8 所示。

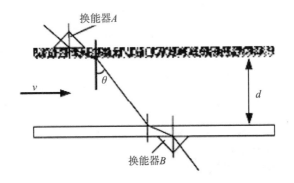

图 3.1-8　时差法工作原理图

超声波换能器 A、B 是一对可轮流发射或接收超声波脉冲的换能器。设超声波信号在被测流体中的速度为 C,顺流从 A 到 B 时间为 t_1,逆流从 B 到 A 时间为 t_2,外界传输延迟总时间为 t_0。则由几何关系可知:

$$t_1 = \frac{d/\cos\theta}{C + QV\sin\theta} + t_0 \tag{3.1-10}$$

$$t_2 = \frac{d/\cos\theta}{C - V\sin\theta} + t_0 \tag{3.1-11}$$

由于 $C^2 \gg V^2\sin^2\theta$,则

$$\Delta t = t_2 - t_1 = \frac{2dV\tan\theta}{C^2 - V^2\sin^2\theta} \approx \frac{2dV\tan\theta}{C^2} \tag{3.1-12}$$

$$V = \frac{C^2}{2d\tan\theta}\Delta t \tag{3.1-13}$$

流体流速 V 是理想状态下的截面平均流速。在实际中,由于流速分布不均匀,需根据流体力学原理加以修正。

$$\overline{V} = \frac{1}{K}V = \frac{2n}{2n+1}V \qquad (3.1\text{-}14)$$

式中:n 是和雷诺数(Re)相关的值。雷诺数(Re)是一种可用来表征流体流动情况的无量纲数,是流体流动状态的一个判断依据,n 和 Re 的关系见表3.1-8。

表 3.1-8　n 与 Re 关系

项目	数值				
Re	4.0×10^3	2.3×10^4	1.1×10^5	1.1×10^6	$>2.4 \times 10^6$
n	2.0	2.6	7.0	8.8	10.0

折射角 θ 随声速 C 的变化而变化,而 C 又是流体温度的函数。因此,必须对折射角 θ 进行自动跟踪补偿,以达到温度补偿的目的。可通过修正 C 的大小从而实现对 θ 的修正,下文通过算法消去 C,从而避免修正问题。

2)改进设计

对于时差法流量计来说,按换能器($T1$ 和 $T2$)安装位置的不同,可以分为平行式、Z 形、V 形三种形式,具体如图3.1-9所示。

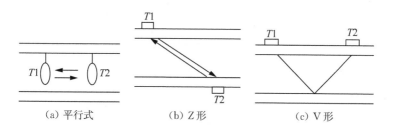

（a）平行式　　　（b）Z 形　　　（c）V 形

图 3.1-9　换能器安装位置

本设计中,我们的换能器将采用 V 形(图3.1-10)安装,这样既可以提高系统的分辨率,方便安装,让超声波在管壁对侧反射一次的方法,又可以增加路径长度,减少流速断面分布不均匀的误差。

$T1$ 和 $T2$ 为换能器,由图3.1-10及前面的讨论可知:

$$C + V\sin\theta = \frac{2d/\cos\theta}{t_1} \qquad C - V\sin\theta = \frac{2d/\cos\theta}{t_2} \qquad (3.1\text{-}15)$$

式(3.1-15)中,两式相减消去 C,得到式(3.1-16),从而避免了温度影响问题。

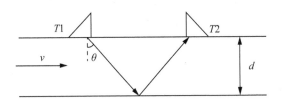

图 3.1-10　基本声学原理图

$$V = \frac{2d(t_2 - t_1)}{t_1 t_2 \sin 2\theta} \tag{3.1-16}$$

由于超声波速度远大于流速，一般 Δt 很小，对系统始终要求较高，难以实现。从而采用多脉冲计数法来提高测量精度，降低硬件要求，原理如图 3.1-11 所示。

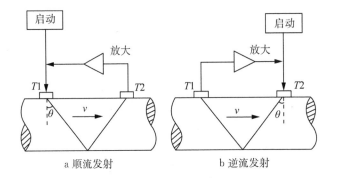

a 顺流发射　　　　　　　　b 逆流发射

图 3.1-11　多脉冲法原理图

取足够多次数（N 次）以后的顺、逆流时间分别为 t_s、t_r，见式（3.1-17）：

$$t_s = \sum_{i=1}^{N} t_0(i) + N t_1 \qquad t_r = \sum_{i=1}^{N} t_0'(i) + N t_2 \tag{3.1-17}$$

由于外界传输时间 $t_2 = t_1$，由式（3.1-18）得到时间差 Δt。

$$\Delta t = (t_2 - t_1) = \frac{t_r - t_s}{N} \tag{3.1-18}$$

3）系统设计

（1）硬件框图

外夹式超声波流量计系统硬件框图见图 3.1-12，主要由时差信号采集、信号处理及人机接口共三部分组成。

从单片机是信号采集及控制电路的核心，它既要接收主单片机发来的命令，使测量模块的各部分协调工作，又要向主单片机回送测量数据和该部分的状态信息。考虑到性价比,选择了 Atmel 公司的 AT89C51,它是一种低功耗、高性能 CMOS 8 位单片机,其指令系统与 8051 单片机完全兼容。

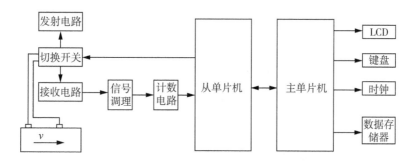

图 3.1-12　系统硬件结构框图

(2) 软件设计

主、从单片机程序设计分别见图 3.1-13、图 3.1-14。

4) 计量实例

为了避免在水泵、大功率变频等有强磁场和振动干扰处安装传感器,安装点上游距水泵应有 30D(D 为管段直径)以上的距离,保证流体充满管道。要有足够长的直管段,安装点上游直管段必须要大于等于 10D,下游要大于 5D。对于符合外夹式超声波流量计(图 3.1-15)测量的泵站可以采用以下方法进行流量测量。

试验时间:2020 年 7 月 11—12 日,共 2 天

试验地点:射阳县洋马镇港中村地龙东一中沟南灌溉站

试验内容:利用流速仪进行量水试验,率定水泵流量

参与人员:河海大学徐绪堪、蒋亚东等共 6 人组成了率定小组,参与本次灌溉站点水泵流量测算试验。

(1) 选择和清理设备外夹位置,对于锈蚀严重的管道,可先处理掉表面的锈层,保证声波正常传播。传感器工作面与管壁之间要有足够的耦合剂,不能有空气和固体颗粒,以保证耦合良好。

(2) 将超声波前端夹在管道上,现场图片如图 3.1-16 所示,可以从超声波屏幕上直接读取测量流量信息。

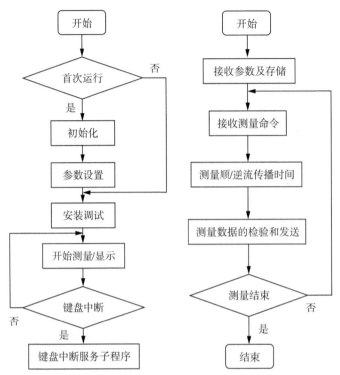

图 3.1-13　主单片机程序框图　　图 3.1-14　从单片机程序框图

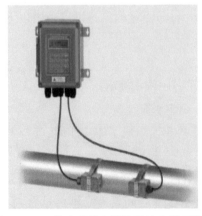

图 3.1-15　外夹式超声波流量计安装示意图

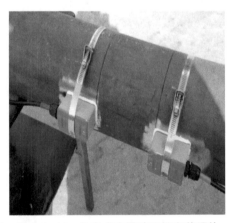

图 3.1-16　外夹式流量计现场安装照片

3.1.3　非常规渠道水量率定

对于灌区灌溉站渠道基础设施不规范的泵站,通常不满足常规管道测流方法所需要的条件,因此无法通过将超声波流量计直接安装到水泵进出水管上进行流量测量,此时可以采用以下非常规渠道计量方法测量水泵流量。

1)计量原理

采用速度面积法测流,利用超声波流速传感器测量流速 V,利用压力式水位计测量水位 H,预先在控制器上设置渠道参数,控制器可以利用水位自动换算出过流面积 S,流体的流量公式为:

$$Q = V \times S \qquad (3.1-19)$$

式中:V 表示流速,m/s;S 表示过流面积,m²,Q 表示瞬时流量,m³/s。流速传感器用于测量水体流动的速度,压力式水位计传感器用于测量水深,水温传感器用于测量水体温度和补偿声速。通过测得的流速、水位及断面尺寸,利用式(3.1-19)便可求得断面流量。

由于采用了速度面积法测流,故此方法适用于任何形态的断面,具体计量方法如下:

(1)将流量计探头和手持控制器连接好;

(2)利用测杆固定好流量计探头,将流量计探头放入待测渠道或水体中,手持控制器即可显示相应的流速流量信息(见图3.1-17);

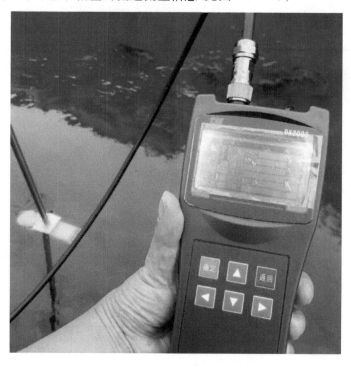

图 3.1-17　流量计控制器

（3）通过输出断面的横坐标和纵坐标生成断面形状曲线，并且能够自动生成水位和过流面积的对应关系。用户只需要在对断面使用时进行一次测绘即可得到水位和过流面积对应表，完成流量测量工作（见图 3.1-18）。

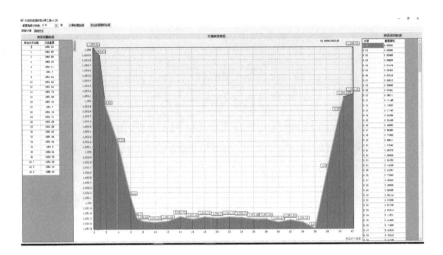

图 3.1-18　水位和过流面积曲线图

2）计量实例

对于非常规渠道，即渠道不规整时，可采用本节的泵站流量率定方法。本节流速面积法不需修建量水建筑物，而是通过测量过水断面面积与断面流速来求得流量，具有精度高、不受下游顶托水影响的特点。针对现场实际情况，本次试验采用多普勒超声波流量计进行率定。

（1）试验条件

➢ 试验情况

率定时间：2020 年 6 月 10 日下午

率定地点：射阳县海通镇南洋村八中沟一号站

率定人员：徐绪堪，房道伟

➢ 多普勒超声波流量计参数

选择 DX-LSX-2 便携式多普勒超声波流量计进行率定，其主要参数如表3.1-9 所示。

表 3.1-9　多普勒超声波流量计基础资料

项目	指标	数值	项目	指标	数值
流速	测量范围	0.02～5 m/s	温度	测量范围	−10～60℃

项目	指标	数值	项目	指标	数值
流速	精度	1.0%±1 cm/s	温度	精度	±0.5℃
	分辨率	1 mm/s		分辨率	0.1℃
水深	测量范围	0~5 m	流量	测量范围	0.001~1 000 m^3/s
	精度	±1 cm		精度	±3%
	分辨率	1 mm		分辨率	0.000 1 m^3/s

➢ 水泵情况

水泵情况基础资料见表 3.1-10,水泵照片见图 3.1-19。

表 3.1-10 水泵情况表

水泵型号	20 寸轴流泵	额定流量	0.4 m^3/s
额定扬程	无法采集信息	电机功率	无法采集信息
额定转速	无法采集信息	传动方式	无法采集信息
进口管道内径	360 mm	进口管道长度	0.42 m
出口管道内径	360 mm	出口管道长度	6 m
水泵安装高程	1.63 m	生产厂家	盐城三爱泵业有限公司

图 3.1-19 水泵照片

> 泵站情况

泵站基本情况见表 3.1-11,泵站照片见图 3.1-20。

表 3.1-11　泵站基本情况表

泵站名称	射阳县海通镇南洋村八中沟一号站	出水池平面尺寸	0.90 m×0.96 m
出水池出口闸门尺寸	内径 36 cm	出水池顶高程	0.52 m
进水池水位	−1.61 m	建成日期	—

图 3.1-20　泵站照片

➤ 渠道情况

渠道基本情况见表 3.1-12,渠道现场照片见图 3.1-21。

表 3.1-12　渠道基本情况表

断面形式	U 形	渠顶高程	−1.1 m
渠顶宽度	1.5 m	渠道深度	1.1 m
渠道材料	混凝土	—	—

图 3.1-21　渠道现场

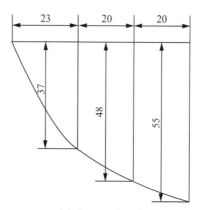

图 3.1-22　过水断面尺寸示意图(单位:cm)

➤ 测流断面位置

从渠道入口沿输水渠道方向 7 m,上下游均无影响水流的建筑物。过水断面尺寸如图 3.1-22 所示。

(2)试验结果

射阳县海通镇南洋村八中沟一号站 20 寸水泵在装置扬程为 1.63 m 条件下的流量为 0.38 m³/s。(出水池水位为 0.52 m)

3.2　相关系数折算(间接计量)水量率定

相关系数折算量水属于间接量水方法,主要包括"以电折水""以时折水"

"以油折水"等方式,可在获取水泵电量、电机时间、柴油机泵运行时间的基础上,利用率定的相关系数快速折算出灌溉用水量。本节主要介绍电量水量转换模型计量、"以电折水"计量、"以时折水"计量和"以油折水"计量共四种量水方法。

3.2.1 电量水量转换模型水量率定

电水转换法是一种经济有效的农业用水计量方法,构建高效合理的电量水量转换模型来反映耗电量和供水量之间的关系,对于农业用水量监测和计量有着重要作用。从数据分析视角构建一种基于高阶多项式回归算法的电量水量转换模型,挖掘水位、泵站耗电量与出水量之间的关系,提高农业用水效率,节约灌溉用水,并实现大规模、低成本、全覆盖地对灌溉站扬水泵站出水量的监测和计量。

1) 模型构建

普通线性回归模型研究的是一个因变量与多个自变量之间的线性回归关系,却忽略了因变量与多个自变量组合项之间的关系,导致在实际预测时线性回归模型产生较大误差。因此,采用改进后的高阶多项式回归模型,向模型中加入各自变量的高阶多项式和多个自变量的组合多项式。高阶多项式回归中,通过加入特征的更高次方和特征多项式以增加模型的自由度,用来捕获数据中非线性的变化。随着模型复杂度的升高,模型的容量以及拟合数据的能力增加,可以进一步降低训练误差,提高模型预测准确率。

定义 $\tilde{x}_n = (x_1, x_2, \cdots, x_n)$ 表示有 n 个输入变量的向量,$\chi_j(\tilde{x}_n)$ 表示该向量的第 j 个多项式组合项,对于有 n 个输入变量的向量而言,其具有的 k 次多项式组合项的个数为 $\sum\limits_{i=1}^{k} C_{i+n-1}^{n-1}$,如有 2 个输入变量的 2 次多项式组合项有 5 个,分别为 x_1、x_2、$x_1 x_2$、x_1^2、x_2^2。设 $f_k(\tilde{x}_{ni})$ 为 $\tilde{x}_n$ 的预测值,$y(\tilde{x}_n)$ 为 $\tilde{x}_n$ 对应预测值的真实值,则多项式回归的目标是求使预测值和真实值的均方误差最小的参数 (ω^*, b^*)。

预测值为:

$$f_k(\tilde{x}_n) = \sum_{j=1}^{N} \omega_j \chi_j(\tilde{x}_n) + b \tag{3.2-1}$$

令 $E_{(\omega, b)} = \sum\limits_{i=1}^{m} [f_k(\tilde{x}_{ni}) - y_k(\tilde{x}_{ni})]^2$,则多项式回归目标函数为:

$$(\omega^*, b^*) = \mathrm{argmin} E_{(\omega,b)} = \underset{(\omega,b)}{\mathrm{argmin}} \sum_{i=1}^{m} \left[f_k(\tilde{x}_{ni}) - y_k(\tilde{x}_{ni}) \right]^2$$

$$(3.2\text{-}2)$$

式中：$f_k(\tilde{x}_n)$ 表示有 n 个输入变量 k 阶多项式回归函数；ω_j 表示 $\chi_j(\tilde{x}_n)$ 第 j 个多项式组合项的系数；N 表示 $f_k(\tilde{x}_n)$ 所有多项式组合项个数，且 $N = \sum_{i=1}^{k} C_{i+n-1}^{n-1}$；$f_k(\tilde{x}_{ni})$ 和 $y_k(\tilde{x}_{ni})$ 分别表示有 n 个输入变量的 k 阶多项式回归函数的第 i 个样本的预测值和真实值；m 表示样本总数；$x_i = [\chi_1(\tilde{x}_{ni}), \chi_2(\tilde{x}_{ni}), \cdots, \chi_N(\tilde{x}_{ni})]$ 表示第 i 个样本经过高阶多项式变换后的组合项向量。

对式(3.2-2)中的 ω 和 b 分别求导可得：

$$\frac{\partial E_{(\omega,b)}}{\partial_\omega} = 2\left\{ \omega \sum_{i=1}^{m} x_i^2 - \sum_{i=1}^{m} \left[y_k(\tilde{x}_{ni}) - b \right] x_i \right\} \qquad (3.2\text{-}3)$$

$$\frac{\partial E_{(\omega,b)}}{\partial_b} = 2\left\{ mb - \sum_{i=1}^{m} \left[y_k(\tilde{x}_{ni}) - \omega x_i \right] \right\} \qquad (3.2\text{-}4)$$

令式(3.2-3)、式(3.2-4)为零可得到 ω 和 b 最优解的闭式解：

$$\omega = \frac{\sum_{i=1}^{m} y_k(\tilde{x}_{ni})(x_i - \bar{x})}{\sum_{i=1}^{m} x_i^2 - \frac{1}{m}\left(\sum_{i=1}^{m} x_i \right)^2} \qquad (3.2\text{-}5)$$

$$b = \frac{1}{m} \sum_{i=1}^{m} \left[y_k(\tilde{x}_{ni}) - \omega x_i \right] \qquad (3.2\text{-}6)$$

其中：

$$\omega = (\omega_1, \omega_2, \cdots, \omega_N)^T \qquad (3.2\text{-}7)$$

$$\bar{x} = \frac{1}{m} \sum_{i=1}^{m} x_i \qquad (3.2\text{-}8)$$

通过式(3.2-5)、式(3.2-6)所求得的 ω 和 b 即为电量水量转换模型参数。

2）模型分析

（1）计量模型验证

将灌溉泵站各个电机定子电流和干渠水位代入前述所构建的电量水量

转换模型中进行运算,计算后得到回归方程预测结果的平均绝对值误差较小,则预测结果符合实际,表明电量水量转换模型能较准确地预测泵站出口瞬时流量值。

(2) 模型参数处理

实际计算时,为使数据在一个数量级上,需对输入的较大数量级的变量电流进行处理。若采用归一化将变量变化范围控制在 0 至 1,会使得变量因归一化而失去量纲,导致失去量纲的数据在高阶多项式回归时误差较大,而将电流值除以 100 后的电流值与干渠水位值则在一个数量级上,因此,实际代入模型中计算的定子电流数值的单位为百安培。

(3) 模型精度讨论

将实际数据代入高阶多项式回归模型求解回归方程并进行验证时,可以得到模型准确率、误差与高阶多项式阶数的关系。研究表明:随着多项式阶数的增加,模型预测正确率呈现出先上升后下降的趋势。因此在实际应用中,需要综合考虑模型准确性、精度、误差与实际实施的难度,选取适宜的高阶多项式回归模型的阶数。

(4) 模型稳定性讨论

一般情况下,模型在计算过程中均会出现若干奇异点,本节建立的电量水量转换模型具有对异常值进行修复的能力。

如图 3.2-1 上部所示,泵站出口瞬时流量在 0.6 m^3/s 附近的点属于错误记录数据,模型对这些异常点进行了修复,并将预测结果预测在符合实际的 0.49 m^3/s 附近,表明模型具有较强的泛化能力和鲁棒性。又如图 3.2-1 中右下角所示,模型能对 0.2～0.3 m^3/s 这些较小流量值进行准确的预测。由此可见,模型在预测准确性和鲁棒性方面均有较好表现,能够较为准确和稳定地预测泵站出口的瞬时流量。

3) 计量实例

通过收集射阳县 2019 年 9 月 1 日—2020 年 8 月 31 日灌溉泵站运行时泵的耗电量、泵前水位以及泵的出水量的实际记录值,以泵的用电量和泵前水位为自变量,泵的出水量为因变量,通过构建模型具体实施,获取某大型泵站一年日常运行时泵的用电量、泵前水位、泵的出水量等历史数据作为输入,如表 3.2-1 所示部分原始数据。其中泵的用电量和泵前水位为自变量,泵的出水量为因变量,在对数据进行预处理、过滤、高阶多项式变换和回归后,得到模型最后计量计算的正确率,如图 3.2-2 所示。

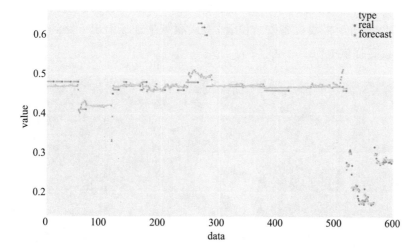

图 3.2-1　模型预测结果与真实值对比图

表 3.2-1　部分原始数据

样本号	X_1	X_2	X_3	y
1	1.15	319	323	0.48
2	1.12	318	324	0.48
3	1.14	318	326	0.47
4	1.08	322	323	0.47
5	0.75	346	323	0.41
6	0.78	267	264	0.42
7	0.76	307	330	0.46
8	1.39	321	326	0.63

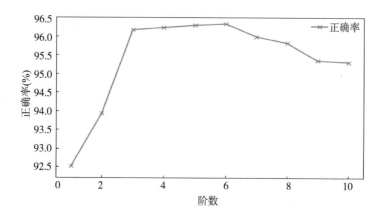

图 3.2-2　电量水量转换模型正确率

　　根据灌溉站现场要求,电量水量转换采集设备一般安装在控制柜旁边,如图 3.2-3 所示采集设备安装位置,需从灌溉站现场引出一路到控制柜旁,为采集设备提供电源。

图 3.2-3　采集设备安装位置

　　该方法通过历史数据不断积累,并定期对历史数据进行分析,从提炼泵站运行电流、干渠水位和输出水量之间的关系模型,并优化构建泵站水电折算模型,不断提高泵站水量计量的精度。

3.2.2　"以电折水"水量率定

　　从 2018 年开始,各省、市、县根据国家发展改革委、财政部、水利部、农业农村部印发的《关于加大力度推进农业水价综合改革工作的通知》(发改价格〔2018〕916 号)规定,推进"以电折水"计量方法。"以电折水"计量方法是通过计量水泵灌溉的用电量,并乘以水电转换系数,来推算本次灌溉用水总量。水电转换系数一般定义为在一定时段内水泵的总出水量和总用电量的比值。计量实践表明,以电折水计量、电价代水价结算具有简单易行、农户认同的特点,不仅符合农业水价综合改革的政策规定,而且具有长久的适应性,便于分区、分时完成改革任务。

　　调研结果显示,截至 2020 年 12 月,江苏各地采用"以电折水"方法进行灌溉用水计量的有 57 411 处(图 3.2-4),在全省计量设施类型中占比最多(占比为 41.83%),应用最广。本节将详细介绍"以电折水"方法的计量原理,并以张家港市典型泵站出水量计量为例,介绍"以电折水"计量方法的实际操作过程,为类似地区农业灌溉用水计量提供借鉴。

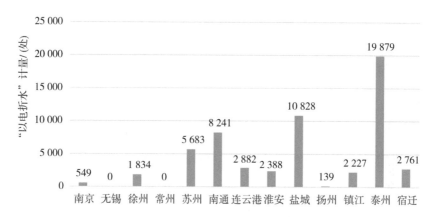

图 3.2-4　江苏省"以电折水"计量情况(截至 2020 年 12 月)

1) 计量原理

(1) 出流-扬程线性相关分析

对于已经建成运行的泵站,在电压稳定的条件下,电机输出的轴功率是一定的,电机功率($N_{电机}$)与轴功率($N_{轴}$)的关系表达式为:

$$N_{电机} = KN_{轴} \qquad (3.2\text{-}9)$$

式中:K 为电机超负荷系数,一般取 1.05~1.10。

在轴功率一定的条件下,水泵出流量与扬程、轴功率关系表达式为:

$$Q = \frac{102\eta N_{轴}}{\gamma H} \qquad (3.2\text{-}10)$$

式中:Q 为水泵出流量,m³/s;η 为水泵效率系数,%;$N_{轴}$ 为动力机传给水泵轴的功率,即水泵轴功率,kW;γ 为流体重度,kg/m³;H 为水泵能够扬水的高度即水泵扬程,水泵扬程=吸水扬程+压水扬程,m。

显然,水泵的出流与扬程呈线性相关。只要在某一特定扬程下(可用进水口水位表示)实测出水泵出流量,并记录对应的用电量,即可推求出具体泵站在某一扬程下的单位用电量转换的水泵出流量。

（2）水电转换系数计算

"以电折水"是通过计量水泵灌溉的用电量乘以水电转换系数来推算本次灌溉用水量的一种方法。水电转换系数一般定义为在一定时段内水泵的总出水量和总用水量的比值，计算公式为：

$$T_C = \frac{A_W}{A_E} \qquad (3.2\text{-}11)$$

式中：T_C 为水电转换系数，$\text{m}^3/(\text{kW}\cdot\text{h})$；$A_W$ 为总出水量，m^3；A_E 为总用电量，$\text{kW}\cdot\text{h}$。

根据现场实测的水泵的总出水量及泵站内电表显示的总用电量，即可表示出该泵站的水电转换系数，具体工作示意图如图 3.2-5 所示。各泵站由于受到多种因素的影响，水电转换系数不尽相同，但理论上不会偏差太多。

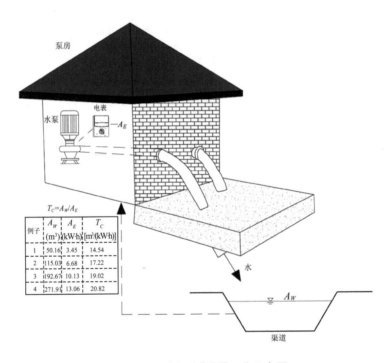

例子	A_W (m³)	A_E (kWh)	T_C [m³/(kWh)]
1	50.16	3.45	14.54
2	115.03	6.68	17.22
3	192.67	10.13	19.02
4	271.91	13.06	20.82

图 3.2-5 "以电折水"计量工作示意图

（3）水电转换系数测定方法

水电转换系数的测定，可以根据泵站出流条件（扬程变幅、积水池形态、渠系断面、几何特征），检测仪器适应条件及其工作现场和地理条件等因素，选择水文法、容积法、仪表法和集成量测法等方法进行测流和校审修正。

2）计量实例

（1）试验地点

张家港市农田泵站共 745 座，灌溉土壤类型分为沙土、砂土、土壤等，如表 3.2-2 所示。样点泵站的选择通过灌溉泵站的装机容量、灌溉渠道形式、土壤类型和是否安装计量水表进行典型选择，选取其中一些典型农田灌溉泵站进行流量测验，通过对调查结果的筛选，选取了张家港市范围内 64 座具有一定代表性的泵站进行用电量和提水量关系率定。

表 3.2-2　张家港市农田泵站设施现状调查汇总表

序号	镇别	泵站数量（座）	土壤类型	泵站数量（座）	是否安装水表	泵站数量（座）
1	杨舍镇	65	沙土	61	是	32
2	金港镇	66	砂土	66	否	713
3	塘桥镇	36	黏土	7	—	—
4	凤凰镇	104	黏土	20	—	—
5	锦丰镇	135	壤土	398	—	—
6	乐余镇	27	沙加黄	193	—	—
7	南丰镇	197	—	—	—	—
8	大新镇	20	—	—	—	—
9	常阴沙	95	—	—	—	—
	合计	745	—	745	—	745

本次关系率定选取了 64 座样点泵站（图 3.2-6）。根据镇别分类，其中杨舍镇 10 座、金港镇 9 座、塘桥镇 2 座、凤凰镇 8 座、锦丰镇 4 座、乐余镇 5 座、南丰镇 12 座、大新镇 8 座、常阴沙 6 座；根据灌溉土壤类型分类，其中沙土 10 座、砂土 7 座、黏土 8 座、壤土 27 座、沙加黄 12 座，如表 3.2-2 所示。

（2）试验方法与仪器

根据试验灌溉泵站的现场勘测条件，采用灌溉泵站开机提水，技术人员现场进行断面测量并采用流速仪法对不同装机容量的泵站进行流量测验（图 3.2-7 和图 3.2-8），率定装机容量与提水流量的关系。同时记录灌溉泵站开机提水后电表首尾两次计量值，根据电量与流量两者数据率定用电量与提水量的关系，推算出水电转换系数。

图 3.2-6　试验地点位置图

图 3.2-7　现场试验 1

图 3.2-8　现场试验 2

此次流速测验的仪器为旋杯式流速仪,仪器型号为 LS78,仪器检定的流速公式为:

$$V = a + b\frac{N}{T} \tag{3.2-12}$$

式中:V 为水流流速,m/s;a 为仪器检定参数,取 0.005 0;b 为仪器检定参数,取 0.786 3;N 为流速仪转数;T 为流速测验时间,s。

（3）试验计算过程

➢ 泵站实测流量计算

根据样点泵站水文测验结果,选取 2 个典型样点泵站进行实测流量计算,分别为杨舍镇南新村 14 号泵站和凤凰镇夏市村 3 号泵站,其他样点泵站计算方法相同。计算过程如下:

① 杨舍镇南新村 14 号泵站

泵站基本情况:1 台装机容量为 15 kW 的水泵,水泵类型为 200HW-10,设计流量 0.15 m³/s,灌溉面积为 3 612 亩,管理单位为杨舍镇新南村。

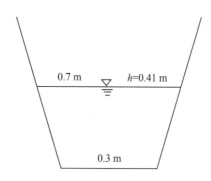

图 3.2-9　南新村 14 号泵站水文测验渠道断面图

水文测验期间,南新村 14 号泵站开机提水后,水流通过一条明渠流向灌区,渠道断面图如图 3.2-9 所示,根据测量的渠道断面图计算得到南新村 14 号泵站的水流断面面积为:

$$S = (b_1 + b_2)h/2 = (0.70 + 0.30) \times 0.41/2 = 0.205 \text{ m}^2$$

测量出水明渠的水流流速,流速仪转数为 47 转,用时 61 s,计算泵站流量为:

$$V = a + b\frac{N}{T} = 0.005\ 0 + 0.786\ 3 \times 47/61 \approx 0.611 \text{ m/s}$$

$$Q = V \times S = 0.610 \times 0.205 \approx 0.125 \text{ m}^3/\text{s}$$

② 凤凰镇夏市村 3 号泵站

泵站基本情况:1 台装机容量为 30 kW 的水泵,水泵类型为 12HBC-40,设计流量为 0.22 m³/s,灌溉面积为 1 596 亩,管理单位为凤凰镇夏市村。

水文测验期间,夏市村 3 号泵站一台泵开机提水后,水流通过一条明渠流向灌区,根据测量的渠道断面图(图 3.2-10)计算得到夏市村 3 号泵站的水流断面面积为:

$$S = (b_1 + b_2)h/2 = (0.71 + 0.71) \times 0.91/2 \approx 0.646 \text{ m}^2$$

测量出水明渠的水流流速,流速仪转数为 34 转,用时 61 s,计算泵站流量为:

$$V = a + b\frac{N}{T} = 0.005\ 0 + 0.786\ 3 \times 34/61 \approx 0.443 \text{ m/s}$$

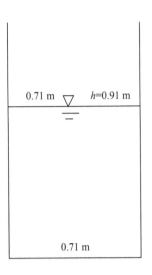

图 3. 2-10　凤凰镇夏市村 3 号泵站水文测验渠道断面图

$$Q = V \times S = 0.443 \times 0.646 = 0.286 \text{ m}^3/\text{s}$$

➤ 水电转换系数计算

根据泵站流量计算结果,对 2 个典型样点泵站进行水电转换系数计算,其他样点泵站计算方法相同,计算过程如下:

① 杨舍镇南新村 14 号泵站

杨舍镇南新村 14 号泵站实测电表数值如表 3.2-3 所示。在正常开机提水条件下,3.3 min 耗电 0.76 kW·h。

表 3. 2-3　杨舍镇南新村 14 号泵站实测电表数值

泵站	杨舍镇南新村 14 号泵站		差值	A_E 用电量(kW·h)
装机容量	15 kW/台		—	—
时间	14 时 20 分 38 秒	14 时 23 分 56 秒	198 s	—
电量(kW·h)	20 418.65	20 419.41	0.76	0.76

计算得出水电转换系数为 $T_C = \dfrac{A_W}{A_E} = \dfrac{Q \times \Delta T}{A_E} = \dfrac{0.125 \times 198}{0.76}$

$\approx 32.6 \text{ m}^3/(\text{kW·h})$

② 凤凰镇夏市村 3 号泵站

夏市村 3 号泵站实测电表数值如表 3.2-4 所示。在正常开机提水条件下,8.73 min 耗电 3.21 kW·h。

表 3.2-4　凤凰镇夏市村 3 号泵站实测电表数值

泵站	凤凰镇夏市村 3 号		差值	A_E 用电量(kW·h)
装机容量	30 kW/台		—	—
时间	9 时 04 分 35 秒	9 时 13 分 19 秒	524 s	—
电量(kW·h)	4 853.23	4 856.44	3.21	3.21

计算得出水电转换系数为 $T_C = \dfrac{A_W}{A_E} = \dfrac{Q \times \Delta T}{A_E} = \dfrac{0.286 \times 524}{3.21}$

$\approx 46.7\ \text{m}^3/(\text{kW·h})$

（4）试验结果

➤ 用水量与用电量关系

试验区大部分为 14 寸和 20 寸的轴流泵，对应尺寸的水泵所对应的电机功率也应一一对应，而出水量则和水泵与电机功率有关，对现场进行测算，得出流量及用电量(表 3.2-5、表 3.2-6)及其关系曲线图(图 3.2-11 和图 3.2-12)。

表 3.2-5　14 寸泵现场实测流量与用电量

	水泵：350ZLB-125S					
编号	出水管径 （mm）	出水时间 （min）	实测流量 （m³/s）	总用电量 （kW·h）	用水量 （m³）	水电转换系数 [m³/(kW·h)]
1	350	5	0.167	3.45	50.16	14.54
2	350	10	0.192	6.68	115.03	17.22
3	350	15	0.214	10.13	192.67	19.02
4	350	20	0.227	13.06	271.91	20.82
5	350	25	0.231	16.55	347.05	20.97
6	350	30	0.229	19.43	411.92	21.20

表 3.2-6　20 寸泵现场实测流量与用电量

	水泵：500ZLB-100					
编号	出水管径 （mm）	出水时间 （min）	实测流量 （m³/s）	总用电量 （kW·h）	用水量 （m³）	水电转换系数 [m³/(kW·h)]
1	500	5	0.191	4.25	57.2	13.45
2	500	10	0.211	7.48	126.3	16.89
3	500	15	0.227	10.53	204.0	19.37
4	500	20	0.230	14.06	276.3	19.65
5	500	25	0.233	17.65	349.6	19.81
6	500	30	0.234	21.23	421.4	19.85

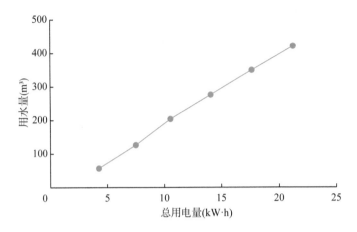

图 3.2-11　14 寸泵用水量与用电量关系

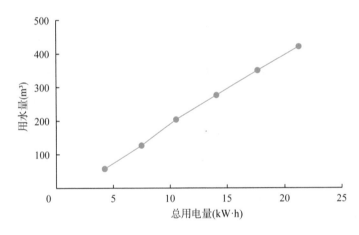

图 3.2-12　20 寸泵用水量与用电量关系

➤ 装机容量与水电转换系数关系

根据样点泵站的实测流量及电表读数计算得到各样点泵站的水电转换系数,绘制散点图(图 3.2-13),添加趋势线。

根据样点泵站装机容量(kW)和水电转换系数(m³/kW·h)关系推算出全市 745 座农田灌溉泵站水电转换系数(表 3.2-8)。

表 3.2-7　张家港市各类型农田灌溉泵站水电转化系数成果表

序号	电灌站装机容量(kW)	水电转换系数[m³/(kW·h)]
1	5.5	22.4

序号	电灌站装机容量(kW)	水电转换系数[m³/(kW·h)]
2	7.5	25.4
3	10	28.9
4	11	30.2
5	15	35.0
6	18.5	38.6
7	22	41.5
8	30	46.1

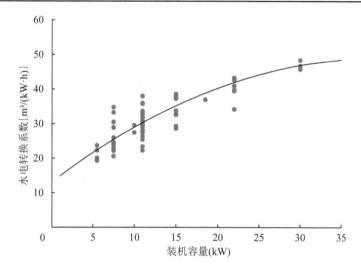

图 3.2-13　样点泵站装机容量与水电转换系数散点图

3.2.3 "以时折水"水量率定

"以时折水"计量方法主要是在各地区选取泵型不同、扬程不同、建设年代不同的典型泵站,安装计时器,通过计时器和典型泵站的电流流量折算参数 T_T,推算出用水量 W。"以时折水"计量方法凭借经济有效、快速直接等优势,已成功应用于江苏省众多灌溉泵站。

调研结果显示,截至 2020 年 12 月,江苏各地采用"以时折水"方法进行灌溉用水计量的有 41 112 处(在全省农业灌溉用水计量设施类型中占比为 29.96%),仅次于"以电折水"。本节将详细介绍"以时折水"方法的计量原理,并以淮安市淮安区典型泵站出水量计量为例,介绍"以时折水"计量方法的实际操作过程,为类似地区农业灌溉用水计量提供借鉴。

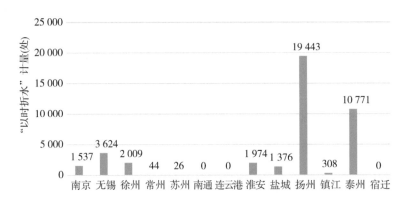

图 3.2-14　江苏省"以时折水"计量情况(截至 2020 年 12 月)

1) 计量原理

灌溉泵站的出水流量过程及出水量一般受水泵自身特性、扬程、进出水池水位、渠道或管道形式及尺寸、泵站工作年限、农村电网等多种因素的综合影响,若不采用专业的仪器设备实时测量,是很难直接精确地计算每次提水水量的。不过,理论上,同一台泵站在运行工况相近的情况下,泵站的出水量与运行时间、用电量存在一定的关系,可以通过"计时"的方法换算出水量,这样的计量方法相对经济、简便,易于推广应用。

在正常灌溉情况下,出水池水位上升与下降过程短暂,且在泵站平稳运行时变化不大,对长时间出水的流量过程影响很小;出水池后防渗渠一般都呈规则形状(梯形、矩形或 U 形),泵站出水过程中的渠道水位一般处于变化不大的正常水位范围。因此,通过现场测试率定"单位时间的出水量"参数后,记录每次灌溉提水的泵站运行时间,即可以估算出每次灌溉提水的出水量,从而实现农业供水的计量。

(1) 基本参数

"以时折水"灌溉泵站计量方法所涉及的主要参数包括流速、流量、出水量、渠道水深、过水断面面积等,重要参数为"以时折水"参数(单位时间的出水量)。

(2) 测算原理

理论上来说,"以时折水"方法估算泵站出水量的原理如下:

$$A_W = T_T \times T \tag{3.2-13}$$

其中

$$T_T = V \times S \tag{3.2-14}$$

$$S = b_2 h + m h^2 \tag{3.2-15}$$

$$m = (b_1 - b_2)/2a_1 \qquad (3.2\text{-}16)$$

式中:A_w 为 T 时间内的出水量,m^3;T_T 为单位时间过水断面平均流量("以时折水"系数),m^3/s;T 为抽水时间,s;V 为观测渠道断面水流稳定后的平均流速,m/s;S 为过水断面面积,m^2;b_1、b_2 和 a_1 分别为渠道上底宽、下底宽和渠深,m;h 为渠道水流稳定时水深,m;m 为非矩形渠道(如梯形渠道边坡系数),无量纲。

"以时折水"的关键之处在于确定泵站"以时折水"系数 T_T 和记录泵站运行时间 T。要得到泵站"以时折水"系数 T_T 的主要工作是:现场测试泵站正常稳定工作状态下出水池后规则渠道断面的水流平均流速 V 和渠道过水断面面积 S。

(3)测量仪器

综上所述,"以时折水"方法测量的主要参数有渠道断面平均流速 V、过水断面面积 S 和泵站运行时间 T 等,具体实施过程中需要的仪器主要包括流速仪、卷尺、直尺以及计时器等。

流速仪用来测算渠道断面的平均流速,卷尺用来测量渠道断面的尺寸,直尺用来测量渠道水深,计时器用来计算泵站运行时间。在实际操作过程中,可以根据需求对渠道流速仪的种类和型号、直尺和卷尺的量程、计时器种类等进行自主选购。

2)计量实例

以淮安市淮安区上河社区 8 个泵站(申大泵站、大后泵站、杨舍泵站、杨集泵站、前杨泵站、冯庄泵站、大徐泵站和杨庄泵站)为例,采用"以时折水"计量方法,对各个测量泵站出水量进行测量。在本次试验过程中,根据现场实际情况,选取静压式液位变送器和无纸记录仪实时记录渠道水位,利用卷尺和直尺测量渠道基本尺寸,利用便携式电磁流速仪测量渠道断面的流速,利用手机计时器测量泵站开关机时间[30]。现场计量过程如下:

(1)现场测量

到达测量泵站现场后,观察并记录泵站基本状况、如有无出水池,出水池新旧、破损状况、渠道进水口状况等。在泵站内部观察水泵基本状况(包括数量、新旧、磨损等)以及电表互感器倍率等,并留存水泵和电机的铭牌照片。

在泵站现场向泵站管理人员或当地人调研泵站建设日期或泵站改造日期、泵站灌溉面积、灌溉作物类型、泵站管理状况(包括是否个人承包,如果个人承包,承包年费用、年均电费、水费以及管理费成本)、亩均年费用、年均灌水次数以及每次灌水天数、泵站运行状况(维修次数、运行是否良好)等基本信息。泵站渠道现场测流情况如图 3.2-15 所示。

图 3.2-15　泵站渠道现场测流

主要测量步骤如下：

① 选择基本状况良好的渠道，关闭其他渠道进水口。

② 若有出水池，在出水池内布置静压式液位变送器。将静压式液位变送器投入出水池底部，并将与之相连的无纸记录仪用绳或者重物固定在地面上，防止水流速度过大冲走仪器，并打开无纸记录仪。

③ 在渠道比较平直的地段，避开闸门、弯道、进水口/出水口、上下坡道处布置电磁流速仪，且直渠段要有一定的长度（上游 10～15 倍渠宽，下游 2～5 倍渠宽）。观察渠道类型（矩形渠或梯形渠），测量渠道基本尺寸，包括上底 b_1、下底 b_2、坡长 l 以及渠道高度 a，并记录在册。将电磁流速仪现场安装好，并进行零点校准。测量时采用一点法进行测流，将流速传感器测量头置于 0.6 倍水深、0.5 倍渠宽处并指向水流上游，以保证流速传感器平行于水流方向，静等流速传感器稳定运行后再读取测量数值。

④ 测量开始时，请泵站管理人员开启一台水泵，并在表格上记录下开机时间；渠道段的测量人员同时开启电磁流量计，待流速传感器稳定运行后，开始读取数据并加以记录水流到达电磁流量计的时间以及仪表读数；在流速到达稳定阶段或水位稳定时记录下水位深度 h。

⑤ 当水泵运行时间达到 10 min 后，请泵站管理人员关闭水泵，记录下关机时间；渠道段的测量人员在接到关机通知后继续记录数据，直到数据归零

时关闭仪器,停止记录数据。

⑥ 待渠道水位下降为 0 或水位保持不变时,请泵站管理人员第二次开启相同的一台水泵,重复④⑤步骤。重复 3 次测量。

⑦ 测量结束后,分别检查电磁流量计的传感器和静压式液位变送器是否干净,防止泥垢黏结,并将仪器拆分装入仪器箱中,防止仪器颠簸损坏。

(2) 试验结果

测量期间,杨舍泵站出水池水位-时间曲线(h-T 曲线)和渠道流速-时间曲线(V-T 曲线)关系如图 3.2-16 和图 3.2-17 所示。

由图 3.2-16 可知,在 $T=30$ s 左右时,杨舍泵站的出水池水位高度已基本稳定,在 $h=0.66$ m 处上下波动,波动浮动在 0.10 m 范围之内,与水泵出水池水面波动的实际情况相吻合。水位从 0 到基本稳定状态的所用时间 30 s 相对于整个测流过程 10 min 可以忽略不计,即出水池流速从 0 到达稳定状态所需的时间也为 30 s,而出水池流速的变化趋势和渠道流速的变化趋势大致相同,其中相差的时间间隔为水流从出水池的出口到达流速测点位置的距离所花的时间 t_0。

由图 3.2-17 可知,在 $T=40$ s,即在便携式电磁流速仪的第二次读数间隔为 20 s 时,渠道的流速在一段时间的较大波动后基本达到稳定状态,而40 s 相对于测流整个过程的 10 min 可以忽略不计,故在计算平均流速和平均流量时可忽略;稳定前,即系数 $T=0$ 至 $T=t_0$ 时的阶段,直接以稳定段的平均流速来表示整个测流阶段的平均流速,并用稳定段的平均流速来计算整个测流阶段的平均流量。

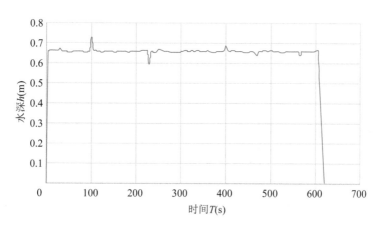

图 3.2-16　杨舍泵站出水池水位高度-时间曲线

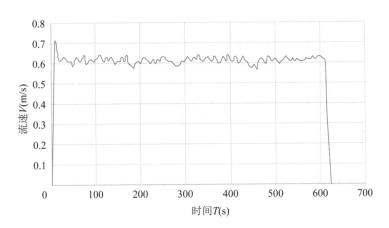

图 3.2-17　杨舍泵站流速—时间曲线

由式(3.2-13)~式(3.2-16)可得试验期间,上河镇 8 个测算泵站的"以时折水"系数"T_T",详细计算结果见表 3.2-8。

表 3.2-8　淮安区上河镇测试泵站流量计算表

序号	泵站名称	建设时间	设计流量 (m^3/s)	设计扬程 (m)	水泵型号	断面面积 (m^2)	流速 (m/s)	工作流量 (m^3/s)	抽水时间 (s)	抽水量 (m^3)	水泵效率
1	申大泵站		1.4	3.0	800ZLB-125	1.74	0.57	0.99	600	596	0.71
2	大后泵站	2011	0.30	1.8	350ZLB-125	0.40	0.44	0.17	600	104	0.58
3	杨舍泵站	2011	0.40	2.8	500ZLB-100	0.38	0.60	0.23	600	137	0.57
4	杨集泵站	2003	0.64	2.5	600ZLB-100	1.00	0.41	0.41	600	246	0.64
5	前杨泵站		0.83	3.0	600ZLB-100	0.95	0.54	0.51	600	309	0.62
6	冯庄泵站		0.79	3.5	500ZLB-125	0.91	0.58	0.53	600	318	0.67
7	大徐泵站		0.60	2.8	600ZLB-100	1.23	0.36	0.44	600	266	0.74
8	杨庄泵站		0.40	3.3	500ZLB-125	0.57	0.43	0.24	600	146	0.61

　　由表 3.2-10 可知,淮安区上河镇灌溉泵站"以时折水"系数 T_T 在 0.57~0.74,"以时折水"系数 T_T 受水泵自身特性、扬程、进出水池水位、渠道尺寸、泵站工作年限等因素的综合影响。但是,同一台泵站,在运行工况相近的情况下,泵站的出水量与运行时间存在一定的关系,因此可以通过"以时折水"的方法来换算泵站的出水量。

　　以杨舍泵站为例,表 3.2-8 中杨舍泵站"以时折水"系数为 0.23 m^3/s。若该泵站 1 年打水 6 次,每次打水 5 天,则杨舍泵站 1 年的出水量为:

$$A_w = T_T \times T = 0.23 \times 6 \times 5 \times 24 \times 3\,600 \approx 59.62 \text{万 m}^3$$

因此,泵站管理人员应记录每次打水时泵站持续运行的时间,即可得到该泵站相应时段的灌溉用水量。另外,由于"以时折水"系数 T_T 是在水泵正常工作状态下测算所得,若水泵出现问题经过修理或进行维护后,应重新测算泵站在新的工作状态下的"以时计水"系数 T_T,确保准确性。

3.2.4 "以油折水"水量率定

"以油折水"(船载柴油机泵量水),主要是利用船载柴油机泵灌溉装置,根据机泵的静扬程和柴油机转速,测试船载柴油机泵灌溉装置的灌水流量。这种船载柴油机泵灌溉装置具有流动性好、无输水渠道的特点,适合一家一户自备使用,最大服务面积约为 100 亩。"以油折水"计量方法在没有电灌站的里下河水网圩区广泛使用。

调研结果显示,截至 2020 年 12 月,全省共配备船载柴油机泵灌溉装置7 579个(表 3.2-9),在全省农业灌溉用水计量设施类型中占比为 5.52%,常用的泵型为10HB-30、250HW-8、200HW-5S 混流泵,额定流量分别为 540 m³/h、390 m³/h。

表 3.2-9　江苏省"以油折水"计量方式统计表

序号	市区	船载柴油机泵(流动机船)/个	备注
1	泰州市 海陵区	337	
2	泰州市 姜堰区	197	
3	泰州市 兴化市	7 045	28 个镇
	合计	7 579	

1) 计量原理

江苏省里下河水网圩区地形平坦,地势低洼,河网密布,适合"以油折水"(船载柴油机泵量水)的计量方式[32]。本次试验采用容器法,即通过容器法测水体体积,除以计时的时长,即得平均流量。

(1) 施测标准

依据《取水计量技术导则》(GB/T 28714—2012)、《灌溉渠道系统量水规范》(GB/T 21303—2017)和《超声流量计》(JJG 1030—2007)整合有关仪器设备,进行水量计量。

(2) 计量设备

主要设备有量水池、换向器、计时器和测速仪。

① 量水池:为矩形结构,有效容积约 30 m³(6.20 m×6.0 m×0.82 m),量水池水平放置,底部设放水短管 3 个和控制阀,短管直径为 100 mm,量水池内侧垂直设置水位标尺,从下往上标刻度。量水池为砖混结构,侧面加筋。

② 换向器和计时器:换向器控制水流是否注入量水池,当机组运行稳定后,用计时器(也可用手机计时功能)开始计时测量,根据囤水容积计算出流量。

③ 测速仪:采用非接触式红外测速仪(UT372)测量柴油机飞轮转速。

(3)试验装置

为了获取准确数据,采用现场试验,试验装置和原理如图 3.2-18 和图 3.2-19 所示。

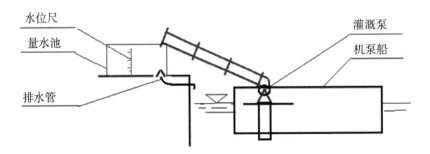

图 3.2-18　试验装置示意图

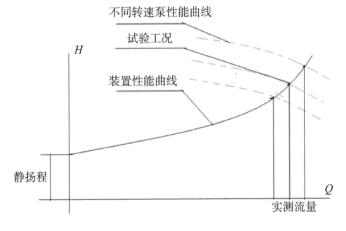

图 3.2-19　试验原理示意图

2）计量实例

（1）试验地点

试验地点（图 3.2-20）为钓鱼镇元如村 2 组，位于兴化市东北约16.0 km、钓鱼镇西南 5.0 km，灌溉水源取自东西向圩内河道，河宽约 9 m，内河水位约 1.20 m，平均水深约 1.5 m，圩内河与新海河相通，试验期间水位恒定。灌溉稻田呈长条形，长度 175 m，宽度 17 m，约 4.5 亩。地面高程为 3.00 m，量水池高度为 0.82 m，静扬程为 2.70 m。现场试验照片如图 3.2-21 所示。

图 3.2-20　试验地点（钓鱼镇元如村 2 组）位置图

（a）8 寸混流泵现场试验装置图

（b）10 寸混流泵现场试验装置图

（c）现场试验测量水泵的运行转速

图 3.2-21　现场试验图

（2）试验结果

实测移动机泵流量与转速关系见表 3.2-10、图 3.2-22 和图 3.2-23。试验结果表明，流速与转速呈正比关系，符合比例关系。

表 3.2-10　试验泵流量与转速关系

10HB-30		250HW-8		200HW-5S	
转速(r/min)	流量(m³/s)	转速(r/min)	流量(m³/s)	转速(r/min)	流量(m³/s)
845.0	0.083 0	813.9	0.066 3	1 169.6	0.082 6
828.9	0.066 3	876.0	0.077 1	1 225.9	0.088 3
1 056.1	0.127 2	1 199.8	0.125 6	1 164.4	0.076 9
819.4	0.066 0	910.6	0.088 0	967.1	0.055 9
926.1	0.105 5	909.6	0.082 4	906.4	0.047 3
		956.5	0.095 6	731.7	0.023 2
		1 002.3	0.104 4		
		1 060.9	0.110 1		
		1 149.4	0.120 1		
		994.8	0.104 2		
		1 086.5	0.111 3		
		719.7	0.051 7		

（3）试验工况分析

绘制不同转速下混流泵性能曲线和管道性能曲线，两者交点为泵运行工况点。不同转速下泵性能曲线根据调速比例律 $Q_1/Q_2 = n_1/n_2$，$H_1/H_2 = (n_1/n_2)^2$ 进行换算。

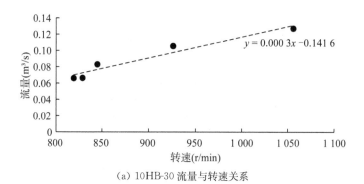

(a) 10HB-30 流量与转速关系

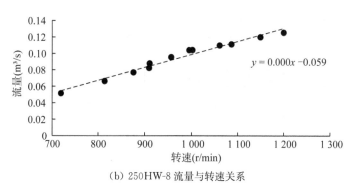

(b) 250HW-8 流量与转速关系

图 3.2-22　10 寸混流泵实测流量与转速关系

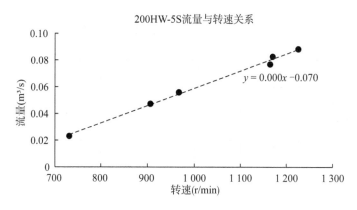

图 3.2-23　8 寸混流泵实测流量与转速关系

① 10 寸混流泵

10 寸混流泵（10HB-30）（旧泵），980 r/min 时流量为 263 m³/h（0.073 m³/s）；1 060 r/min 时流量为 313 m³/h（0.087 m³/s）。该泵于 20 世纪 70 年代生产，使用时间较长，运行效率较低，油耗高达 1.5 L/h 以上（正常

为 0.9 L/h),试验工况分析如图 3.2-24 所示。

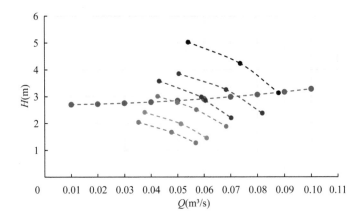

图 3.2-24　10 寸混流泵(旧泵)试验工况分析

　　10 寸混流泵(250HW-8)(新泵),980 r/min 时流量为 396 m³/h (0.110 m³/s);1 060 r/min时流量为 536 m³/h(0.149 m³/s),试验工况分析如图 3.2-25 所示。

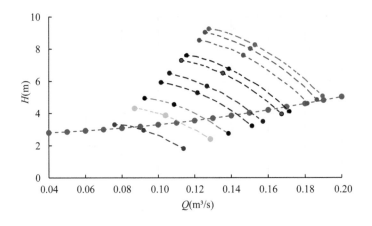

图 3.2-25　10 寸混流泵(新泵)试验工况分析

　　10 寸旧泵(10HB-30)980 r/min 时流量为 263 m³/h,比 10 寸新泵(250HW-8)980 r/min 的流量 396 m³/h 低了 33.6%。

　　—② 8 寸混流泵

　　8 寸混流泵(200HW-5S)1 160 r/min 时流量为 371 m³/h(0.103 m³/s),试验工况分析如图 3.2-26 所示。

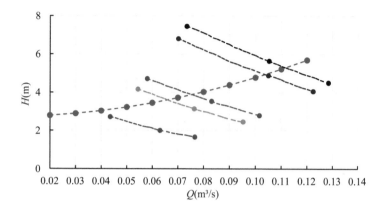

图 3.2-26　8 寸混流泵(旧泵)试验工况分析

（4）水泵运行静扬程修正

试验时，水池设置在地面以上，将静扬程提高了 80 cm，实际灌溉运行静扬程为 1.9 m，因此，实际运行的泵流量比试验工况略大，需要修正。10 寸混流泵（250HW-8）980 r/min 时流量为 439 m³/h，8 寸混流泵（200HW-5S）1 160 r/min 时流量 403 m³/h。静扬程修正后的工况分别如图 3.2-27 和图 3.2-28 所示。

10 寸混流泵（10HB-30）980 r/min 时流量 299 m³/h，比 10 寸混流泵（250HW-8）980 r/min 时流量低 31.9%。

（5）试验结论

①试验工况下，修正后 10 寸混流泵 980 r/min 时流量为 439 m³/h，8 寸混流泵 1 160 r/min 时流量为 403 m³/h。据调研，10 寸混流泵（旧泵）平均灌溉时间约 1 h/次，4.5 亩用水量为 299 m³，平均需 66.4 m³/亩，灌溉平均水深为 100 mm，多年平均灌溉 10～11 次，首次泡田平均需水量 100 m³/亩，每亩灌溉总用水量为 698～764 m³。因船载柴油机泵使用的混流泵普遍使用年限较长（>40 年），与额定工况相比，实测水泵流量为 322 m³/h，比新泵的流量低 31.9%。

②通过实测，采用柴油机船进行流动灌溉供水，现状实际用水定额测算成果见表 3.2-11。由表可知，亩均灌水量均高于省灌溉用水定额约 15.4%～26.3%。

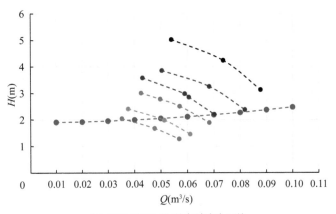

（a）旧泵 10HB-30 混流泵试验工况

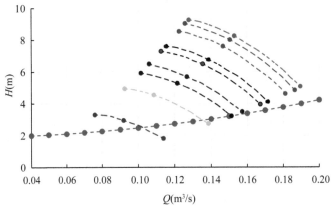

（b）新泵 250HW-8 混流泵试验工况

图 3.2-27　10 寸混流泵实际静扬程工况分析

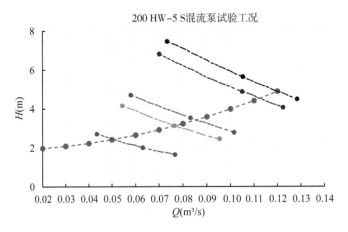

图 3.2-28　8 寸混流泵实际静扬程工况分析

表 3.2-11　不同机型、不同口径、不同工况下的用水定额

序号	泵型	口径 (mm)	铭牌转速 (r/min)	流量 (m³/h)	亩均灌水 量(m³/亩)	用水定额 (m³/亩)
1	10HB-30	250	980	299		
2			1 060	323		
3	250HW-8	250	980	439	698~764	605
4			1 060	475		
5	200HW-5S	200	1 160	403		

注:用水定额参考《江苏省农业灌溉用水定额(2019)》水稻灌溉基本用水定额+附加用水定额。

3.3 典型地区不同计量方式对比分析

3.3.1 计量特点及其适用条件

依据江苏农业灌溉用水计量设施的建设和管护现状以及灌溉站点各水量率定方法,从设备成本、管护成本、稳定性、精度、自动化程度、受欢迎程度等方面,对比分析不同计量方式的特点及适用条件(表 3.3-1)。

(1) 传统流速仪

优点:测量精度高。

缺点:①安装要求高;②管护成本高。

适用条件:适用于对测量精度要求高的规则渠道的水量测量。

(2) 超声波流量计

优点:①非接触式测量,可用来测量不易接触、不易观察的流体流量和大管径流量。它不会改变流体的流动状态,不会产生压力损失,且便于安装。②测量范围大,管径范围从 20 mm~5 m。③可以测量各种液体和污水流量。④测量体积流量不受被测流体的温度、压力、黏度及密度等热物性参数的影响。可以做成固定式和便携式两种形式。

缺点:①抗干扰能力差。易受气泡、结垢、泵及其他声源混入的超声杂音干扰,影响测量精度。②直管段要求严格,为前 20D、后 5D。否则离散性差,测量精度低。③安装的不确定性,会给流量测量带来较大误差。④测量管道因结垢,会严重影响测量准确度,带来显著的测量误差,甚至在严重时仪表无流量显示。⑤可靠性与精度等级不高(一般为 1.5~2.5 级左右)。⑥重复性

差。⑦使用寿命短（一般精度只能保证一年）。⑧价格较高。

适用条件：适用于大型圆形管道和矩形管道（需有外夹式的长度要求），原理上不受管径限制，通用性好，同一仪表可以测量不同管径的管道流量，使用时不必严格考虑管材和壁厚，更适合于大管径、大流量的场合，可供临时检查使用。

（3）电磁流量计

优点：①测量直观、精度高、计量简便。②无压力损失。③测量范围大，电磁流量变送器的口径从 2.5 mm 到 2.6 mm；电磁流量计测量被测流体工作状态下的体积流量，测量原理中不受流体的温度、压力、密度和黏度的影响。

缺点：①流量计的安装与调试比其他流量计复杂，且要求更严格。在使用时，必须排尽测量管中存留的气体，否则会造成较大的测量误差。②测量带有污垢的液体时，黏性物或沉淀物附着在测量管内壁或电极上，使变送器输出电势发生变化，带来测量误差，可能导致仪表无法测量。③供水管道结垢或磨损，改变内径尺寸，将影响原定的流量值，造成测量误差。④价格较高。

适用条件：适用于测量封闭管道的流体流量。

（4）非常规渠道计量

优点：①对安装环境要求低；②精度高；③可测量非常规断面的渠道流量；④不受下游顶托水影响。

缺点：①需定期测量；②无法在线监测。

适用条件：适用于不满足常规管道测流方法时的明渠灌溉水量测量。

（5）以电折水

优点：①每个泵站经过率定后的流速系数相对准确；②对泵站的环境无太大要求，适用性广；③推广性强，简单易行，农户认同；④有完善的管理制度，既方便日常管理，又能体现用水控制目标，不会产生后期维护费用；⑤符合农业水价综合改革的政策规定，而且具有长久的时效性、适应性，能够实现灌溉水量计量大规模、低成本全覆盖。

缺点：①需人工填报，无法自动形成电子报表，工作量大；②泵机存在电机耗损，考虑定期率定；③准确率有待考量。

适用条件：适用于提水泵站用水计量。

（6）以时折水

优点：①经济性好；②计量方法相对经济、简便，易于推广应用；③能够实现灌溉水量计量大规模、低成本全覆盖。

缺点:需要定期率定。

适用条件:适用于所有渠道、管道的水量计量。

(7) 以油折水

优点:流动性好,计量过程中无须输水渠道。

缺点:①需人工填报,无法自动形成电子报表,工作量大;②需要定期率定。

适用条件:适合一家一户自备使用,最大服务面积约为100亩。

表 3.3-1　不同计量方式的特点及适用条件

计量类型	序号	计量方式	特点		应用条件	适用条件
			优点	缺点		
仪表类流量计量水	1	传统流速仪	测量精度高	安装要求高;管护成本高	渠道	精度要求高的规则渠道的水量测量
	2	超声波流量计	非接触式;测流范围大;测量精度高;安装、使用、维护方便;可测各种液体和污水流量	抗干扰能力差;直管段要求严格;安装不确定性将带来较大误差;可靠性与精度等级不高;重复性差;使用寿命短;价格高	管道	适合大管径、大流量,且上游有长距离露在外面的管道水量测量,可供临时检查使用
	3	电磁流量计	量测直观、简便、精度高;测流范围大	调试复杂;安装的不确定性将带来较大误差;价格高	管道	适用于测量封闭管道的流量
	4	非常规渠道计量	安装环境要求低,精度高,不受下游顶托水的影响	定期测量,无法在线监测	渠道	明渠非常规渠道灌溉水量的计量
相关系数折算量水	5	以电折水	简单易行,农户认同;适用性广;推广性强;维护费用低;可实现大规模、低成本全覆盖	需人工填报,无法自动形成电子报表,工作量大;需定期率定	渠道/管道	泵站提水灌区的计量
	6	以时折水	简单易行,成本较低,经济性好;计量方法简便,易于推广;可实现大规模、低成本全覆盖	需定期率定	渠道/管道	所有渠道、管道的计量
	7	以油折水	流动性好、无须输水渠道	需定期率定	无渠道	适用于里下河地区,一家一户自备使用

3.3.2　计量精度及其影响因素

江苏农业灌溉用水计量方法和仪表种类繁多,本节选取盐城市射阳县作为研究区,对射阳县临海农场二十一大队南站分别采用超声波流量计和电量

第三章　江苏省农业灌溉用水计量方法研究

水量转换模型这两种计量方式进行水量测算,并分析这两种计量方式的精度及其影响因素。

(1)泵站概况

射阳县临海农场二十一大队南站流量数据的对比分析,水量数据采集时间、地点如下:

采集时间:2020年5月10日下午

采集地点:射阳县临海农场二十一大队南站(图3.3-1),基本情况见表3.3-2。

图 3.3-1　泵站照片

表 3.3-2　泵站基本情况

泵站名称	射阳县临海农场二十一大队南站	出水池平面尺寸1.4 m×9.3 m	
出水池出口闸门尺寸	70 cm×90 cm	出水池顶高程	3.81 m
进水池水位	0 m	建成日期	

现场水泵照片如图3.3-2所示,水泵基础资料见表3.3-3。

图 3.3-2　水泵照片

表 3.3-3　水泵情况表

特　性	参数	特　性	参数
水泵型号	600ZLBc-100	额定流量	1.02 m³/s
额定扬程	3.59 m	电机功率	55 kW
额定转速	730 r/min	传动方式	直动
进口管道内径	600 mm	进口管道长度	0.38 m
出口管道内径	600 mm	出口管道长度	4.5 m
水泵安装高程	3.11 m	生产厂家	高邮江河泵业

（2）计量精度测算

对站点同时利用超声波和电量水量转换模型两种方式进行计量,测量的水量如下表 3.3-4 所示。从表中数据可以看出,以超声波流量计为参照基准,电量水量转换模型间接计量方式的精度超过 90%,大部分精度都在 95% 以上。

表 3.3-4　两种计量方式计量精度对比

序号	超声波采集流量 （m³/s）	电量水量转换 模型数据（m³/s）	差值（m³/s）	精准度
1	1.04	1.01	0.03	97.54%

序号	超声波采集流量 （m³/s）	电量水量转换 模型数据（m³/s）	差值（m³/s）	精准度
2	1.00	1.07	0.07	92.59%
3	1.02	1.02	0.00	99.89%
4	1.03	1.05	0.02	97.78%
5	1.10	1.02	0.08	92.94%
6	1.06	1.01	0.05	95.73%
7	1.06	1.05	0.01	98.98%
8	1.01	1.07	0.06	94.11%
9	1.03	1.06	0.03	97.73%
10	1.04	1.07	0.03	97.34%
11	1.03	1.04	0.01	98.72%
12	1.10	1.08	0.02	98.56%
13	1.06	1.03	0.03	97.45%
14	1.10	1.06	0.04	96.57%
15	1.01	1.08	0.07	93.12%
16	1.01	1.04	0.03	96.52%
17	1.05	1.03	0.02	98.72%
18	1.01	1.04	0.03	96.38%
19	1.08	1.08	0.00	99.87%
20	1.09	1.02	0.07	93.99%
21	1.06	1.01	0.05	94.46%
22	1.03	1.01	0.02	98.33%
23	1.03	1.09	0.06	94.03%
24	1.06	1.06	0.00	99.26%
25	1.10	1.03	0.07	93.30%
26	1.01	1.00	0.01	99.32%
27	1.00	1.01	0.01	99.25%
28	1.01	1.09	0.08	92.45%
29	1.07	1.01	0.06	94.22%
30	1.01	1.04	0.03	97.55%

（3）影响因素分析

①超声波流量计精度的影响因素

其精度受现场管道等因素影响，导致无法满足超声波安装的基本要求，从而产生测量误差。

②电量水量转换模型计量精度的影响因素

其精度受一次流量测量设备采集的数据影响，可能由于现在测量的环境和之前构建模型时使用的数据差别较大，导致电量水量转换模型测得的流量有一些误差，但随着时间的推移和数据积累，可以通过机器学习方法不断完善和优化构建的模型，从而不断提高计量的精准度。

3.3.3　计量设施建设成本分析

建立起科学合理的成本分析与控制系统，能让政府管理者清楚地知晓农田水利项目的成本构架和决策的正确方向是内部决策的关键支持。本节对比和讨论了典型区不同计量方式的建设安装成本，为全省计量设施建设和管理提供了参考。

（1）研究区概况

数据来自江苏省南通市通州区实地调研统计，通州区辖区总面积为1 525.74 km²，共辖 4 个街道办事处、12 个建制镇、208 个行政村、68 个社区居民委员会，现有耕地面积 105.40 万亩，其中有效灌溉面积 101.53 万亩。根据地势高低，通州区划分为九吕水系、通启河水系、诸岛水系、沿江圩田水系等四大水系。境内河流众多，6 条一级河道、26 条二级河道组成骨干河道，延伸到全区各处。农业种植以水稻、小麦为主，间作油菜、大豆等经济作物和水产养殖。

通州区农业水价综合改革应计量面积 101.53 万亩，2020 年底，全区2 302 座灌溉泵站计量设施全面配套到位，实现计量设施全覆盖。从 2015 年开始，通州区陆续安排了约 940 万元专项资金用于计量设施配套，并将计量设施纳入新增农田水利项目规划，累计共安装泵站计量设施 959 套、明渠计量设施 4 套、渠道末端计量设施 200 套、以电折水计量 2 302 处，详细情况见表 3.3-5。

表 3.3-5　江苏省典型区农业灌溉用水计量设施情况表(南通市通州区)

时间	泵站计量设施(套)	明渠计量设施(套)	渠道末端计量设施(套)	以电折水(处)		计量设施配套资金(万元)	资金下达文号	水价改革面积(万亩)
				实测泵站	率定泵站			
2015	200	—	—			57.54	通政办发〔2014〕131 号	—
2016	200	—	—			97.91	通政办发〔2016〕4 号	—
2017	80	—	200			219.55	通政办发〔2016〕121 号	0.30
2018	479	4	—			300.00	通水〔2018〕123 号	38.00
2019	—	—	—	110	803	107.80	通水利农〔2019〕27 号	28.86
2020	—	—	—	150	1 239	160.00	通水利农〔2020〕9 号	34.37
合计	959	4	200	2 302		942.80		101.53

注:泵站计量设施主要为插入式电磁流量计和超声波流量计。

(2) 计量设施成本分析

由表 3.3-5 通州区农业用水计量设施情况表中可以看出:

2015—2018 年,全区主要采用的计量方式是仪表类流量计计量,这期间共配备泵站计量设施 959 套、明渠计量设施 4 套、渠道末端(农门口)计量设施 200 套,累计配套资金达 675 万元,水价改革面积 38.30 万亩。可计算得到仪表类流量计计量的安装成本为 675 万元/38.30 万亩,即 17.62 元/亩,投资金额较大。

从 2019 年开始,全区按照计量方法多元化的原则,推行了"以电折水"计量方式,安排 107.8 万元的专项资金,完成了 913 座泵站的流量率定(其中实测泵站 110 座、率定泵站 803 座),当年水价改革面积增加了 28.86 万亩;2020 年安排了 160 万元的专项资金,完成了剩余 1 389 座泵站的流量率定(其中实测泵站 150 座、率定泵站 1 239 座),当年水价改革面积增加了 34.37 万亩,累计改革面积 101.53 万亩,实现水价改革计量设施的全覆盖。可计算得到"以电折水"计量成本为(107.8 万元+160 万元)/101.53 万亩,即 2.64 元/亩,远低于仪表类计量方式成本。针对同一地区而言,同时采用仪表类流量计和"以电折水"两种计量方式,仪表类流量计计量成本为"以电折水"计量成本的 6.67 倍。

总的来说,江苏省各灌溉站点需要根据各地农业灌溉用水的地域特征、灌溉用水需求和用水计量成本等选择适宜的水量率定方法,在综合考虑测量精度、安装要求、施工难度、安装成本、自动化程度等因素后,优先选择相关系数折算量水计量方式(如电量水量转换模型计量、"以电折水"计量、"以时折水"计量等)。

3.4 灌溉用水计量设施研制

随着科学研究的发展和生产技术的进步,水分的定量分析已被列为各类物质理化分析的基本项目之一,作为各类物质的一项重要的质量指标,根据不同形式试样中的不同水分含量提出了测定水分的不同要求,水分测定可以是工业生产的控制分析,也可以是工农业产品的质量签订;可以从成吨计的产品中测定水分,也可在实验室中仅用数微升试液进行水分分析;可以是含水量达百分之几至几十的常量水分分析,也可以是含水量仅为百万分之一以下的痕量水分分析,等等,这些仪器测定方法操作简便、灵敏度高、再现性好,并能连续测定,自动显示数据。国外的水分测定价格昂贵,是国内的一些实验室、企业无法承受的,我国加强了对水分测定的研究和实践,取得了十分明显的效益,使国内水分测定的各项技术向国际水准靠拢,能够满足一般实验室和企业生产的需要。

经典水分分析方法已逐渐被各种水分分析方法所代替,目前,大部分测定出水流量采用的都是涡轮流量计,但是现有的流量计在需要固定水量时,不方便进行调控,使用不便,因此市场急需研制出水量率定装置来帮助人们解决现有的问题。

3.4.1 装置介绍

河海大学发明了水量率定装置,该装置解决了上述背景中提出的现有的流量计在需要固定水量时不方便进行调控的问题。为实现上述目标,该装置提供如下技术方案:水量率定装置,包括水管和水管两侧安装的连接法兰,连接法兰与水管设置为一体结构,且水管的两侧分别设置有进水口和出水口,水管的外部安装有安装罩。

(1)安装罩。安装罩的前端面设置有显示屏,显示屏与安装罩通过固定螺丝连接,且显示屏的下方设置有键盘,键盘的一侧设置有光电开关,光电开关的一侧设置有电源开关,电源开关的一侧安装有指示灯,且安装罩的内部安装有硅胶垫,水管的外表面设置有安装卡扣,硅胶垫与安装罩黏合连接,卡扣与水管焊接连接,且硅胶垫与卡扣固定连接。

(2)装置外壳。水管的上端和下端均安装有装置外壳,装置外壳与安装罩通过固定螺丝连接,且装置外壳的下端设置有密封垫,且装置外壳延伸至水管内部通过密封垫与装置外壳密封连接。

(3)压板。装置外壳的内部安装有压板,压板的外部设置有密封层,且压板通过密封层与装置外壳密封连接,压板的上端安装有电动液压缸,电动液压缸的下端与压板通过固定螺丝连接。

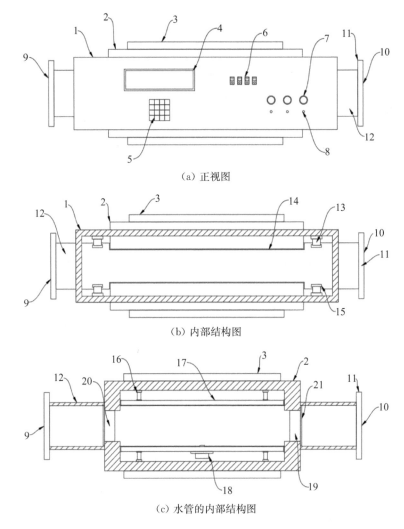

(a)正视图

(b)内部结构图

(c)水管的内部结构图

注:1. 安装罩;2. 装置外壳;3. 电动缸安装箱;4. 显示屏;5. 键盘;6. 光电开关;7. 电源开关;8. 指示灯;9. 进水口;10. 出水口;11. 连接法兰;12. 水管;13. 硅胶垫;14. 密封垫;15. 安装卡扣;16. 电动液压缸;17. 压板;18. 压力传感器;19. 第一电磁阀;20. 第二电磁阀;21. 密封圈。

图 3.4-1　水量率定装置示意图

（4）电动缸安装箱。装置外壳的上端和下端均安装有电动缸安装箱，且电动缸安装箱通过固定螺丝与装置外壳连接，电动液压缸的上端延伸至电动缸安装箱内部与电动缸安装箱固定连接。

（5）电磁阀。装置外壳内部的两侧分别安装有第二电磁阀和第一电磁阀，第二电磁阀和第一电磁阀的两侧均安装有密封圈，且第二电磁阀和第一电磁阀均通过密封圈与装置外壳密封连接，压板的下端面设置有压力传感器，压力传感器通过固定螺丝与压板连接，且压力传感器与显示屏电性连接。

3.4.2　装置原理

使用时，水流通过水泵进入进水口时，可打开第二电磁阀，使水流进入水管和装置外壳内部，通过装置外壳内部的压力传感器来测量水量，水量到达合适的分量后，可通过关闭第一电磁阀来将水量固定，需要更多水量或是减少水量时可通过调整压板的高度，从而将水分挤压，再打开第一电磁阀，将水分排出，通过调整好的压板高度来获取更精准的水量大小，提高工作精确度，使用更合理，且通过压板的调控，可使获取水分的效率更高；通过安装罩内部的硅胶垫来保护水管与安装罩之间的强度，提高工作的稳定性，结构简单，使用方便，便于操作，测量精度高，水管部与装置外壳可拆卸连接，便于安装，解决了现有的流量计不易于携带、成本偏高的问题，适于进行推广应用。专利证书如图 3.4-2 所示。

图 3.4-2　实用新型专利证书

3.5 本章小结

本章以全省使用最广的仪表类流量计量水和相关系数折算量水计量方式为研究重点,介绍了不同计量方式的水量率定原理,并以江苏典型地区为例,分析不同计量方式的优缺点,得到的主要结论如下:

(1) 针对存在纵横断面比较规则的渠段、常规管道(水泵进出水管满足超声波流量计的安装条件)或纵横断面不规则的渠段(同时,水泵进出水管不满足超声波流量计的安装条件)等三种泵站流量率定场景,梳理了测流条件和解决方案,对应上述三种应用场景分别建议采用断面流量测量传统方法(三点法、五点法等)、超声波流量计测流法以及速度面积法测流法。通过分析超声波流量计工作原理并考虑安装的便捷性,建议超声波流量计采用外夹式(安装简单)、V形安装(提升精度)。

(2) 电水转换法是通过构建高效合理的电量水量转换模型反映耗电量和供水量之间的关系。"以电折水""以时折水""以油折水"分别通过水电转换系数(一定时段内水泵的总出水量和总用电量的比值)、水时转换系数(一定时段内的实际总出水量和水泵额定流量的比值)、"以油折水"(船载柴油机泵量水),主要是利用船载柴油机泵灌溉装置,根据机泵的静扬程和柴油机转速,测试船载柴油机泵灌溉装置的灌水流量。上述四类计量方式造价较低、施工方便、管护简单,通过量水设备的计量率定,可适应不同作物灌溉计量的要求。

(3) 仪表类流量计和相关系数折算量水方式各有特点,其适用条件不一。其中,①仪表类流量计中的传统流速仪适用于对测量精度要求高的规则渠道的水量测量;超声波流量计通用性好,适用于大型圆形管道和矩形管道(需有外夹式的长度要求);电磁流量计适用于测量封闭管道,非常规渠道计量适用于不满足常规管道测流方法时的明渠。②相关系数折算中的电量水量转换模型和"以时折水"均适用于所有不规则和规则的灌溉渠道,"以电折水"适用于提水泵站用水计量,"以油折水"则适合没有电灌站的里下河水网圩区一家一户自备使用。

(4) 通过对同一站点同时采用超声波和电量水量转换模型两种方式进行计量,结果显示,电量水量转换模型间接计量方式精度高,超过 90%,大部分在 95% 以上。探究其精度的影响因素,仪表类流量计(以超声波为例)主要受现场管道的影响,无法充分实现其效能,而相关系数折算(以电量水量转换模型为例)主要受流量测量设备采集数据的影响,但随着采集时间和采集数据的不断积累,可以减小这类型的误差,从而提高计量精度。

(5) 仪表类流量计的计量成本远高于相关系数折算的计量成本。通过比较典型地区的两大类计量成本,发现仪表类流量计安装成本大概在 17.62 元/亩,投资金额大;相关系数折算的计量成本大概在 2.64 元/亩,是仪表类流量计的 7 倍左右,因此,在综合考虑测量精度、安装要求、施工难度、安装成本、自动化程度等因素后,可优先选择相关系数折算量水计量方式(如电量水量转换模型计量、"以电折水"计量、"以时折水"计量等)。

第四章

农业灌溉用水计量平台研制及示范

我国实行农业水价综合改革后,农业灌溉用水的粗放式管理状态有所改善,但是农业灌溉用水依然存在水量计量设备成本高、覆盖面小、运行管理滞后、用水调度效率低、灌溉运行管理模式陈旧等问题。目前,江苏乃至全国的农业灌溉用水管理模式均以传统管理方式为主,存在缺乏用水计划性、"灌溉最后一公里"管理缺失等问题,因此,特别需要利用先进管理模式来支撑灌溉用水管理。

结合江苏省灌区用水计量设施建设和管护现状,以大中型灌区灌溉用水为研究对象,以提高灌溉用水效率为目的,以最低成本状态下产生最大效益为目标,从整体优化、系统调度的视角,借助精细化管理理论,按照"总量控制、定额管理、优化结构、合理配置、提质增效"的原则,从规划阶段到实施应用全生命周期管理,构建了一套"农田用水点—乡镇水利站—区(县)水利局—市水利局—省水利厅"五级的大中型灌区灌溉用水管理模式,提出了一个基于区块链技术的大中型灌区灌溉用水计量平台。目前,项目研究成果已投入常州、盐城、宁夏等地,灌溉用水监测设备应用超过1万套,未来应用前景十分广阔。本章主要介绍射阳县灌溉水量监测系统的应用情况。

4.1 农业灌溉用水管理体系

为了加强对农业灌溉用水管理,江苏省将"精准计量、精细管理"作为基本管理目标,积极推动"三条红线"指标的贯彻落实,为农业灌溉用水的科学化管理奠定了坚实的基础。总结分析江苏农业灌溉用水管理实践情况,整个项目针对农业水价综合改革的要求,要实现灌溉站用水计量的全覆盖,针对平原圩区灌溉期泵站进水侧水位变化很小,流量变化可以忽略不计,目前对灌溉用水计量方法主要采用电磁流量计和超声波流量计进行用水计量,电磁流量计是根据法拉第电磁感应定律来测量导电液体的流量。电磁流量计由电磁流量传感器和转换器两部分组成,要求流量计周围留有充裕的空间,便于安装和维护;超声波流量计需要有可用监测的管道,而且这两种流量计价格高,推广使用成本高,因此,为了实现全区覆盖水量计量,采用低成本、大规模的灌溉水量监测系统,整个系统按照市、区(市)、乡镇三级管理模式,形成如图4.1-1所示的农业灌溉水量监测系统工程架构,包括终端设备、通信网络和监控中心三层。终端设备主要是各个站点水量采集设备等;通信网络主要包括 GPRS 等无线通信网络；监控中心包括水量数据采集中心软件、水利局各级管理用户 PC 和移动终端水量监测系统软件等，综合分析并从性价比角度，本方案具有低成本、安装方便以及维护成本低等优点，适合大范围推广应用。

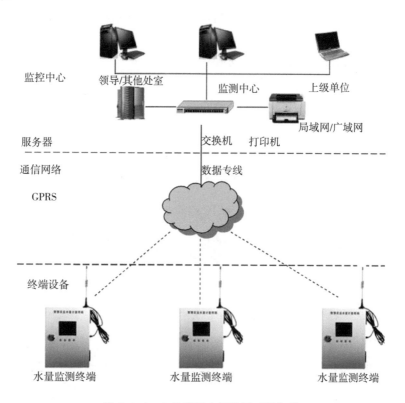

图 4.1-1　农业灌溉水量监测系统架构

4.2　农业灌溉用水计量平台

4.2.1　系统介绍

　　射阳县农业灌溉水量监测管理系统针对农业灌溉用水现状，结合物联网、计算机、网络通信等技术，对农业灌溉水量进行监测管理，具有安装简易、成本低等优点。该技术实现了在线实时监测、数据统计与查询等功能，每个泵站现场安装水量监测采集装置，分镇区采集数据并将数据实时传输到县水利局监控中心,通过 PC 和移动终端进行展示和统计管理,推进农田灌溉由粗放型向集约型管理转变,实施农田灌溉与水资源的优化配置。实现的功能有:

(1) 农业灌溉水量监测站点的管理,包括站名、地点、区域。

(2) 农业灌溉水量监测站点地图,将相应信息显示在地图上。

(3) 灌溉站历史水量数据表。

(4) 地区用水量的日统计报表和年统计报表。

(5) 实时水量的统计。

4.2.2 电脑操作

1) 登录界面

灌溉水量监测平台 v1.0 版软件电脑用户登录界面如图 4.2-1 所示。

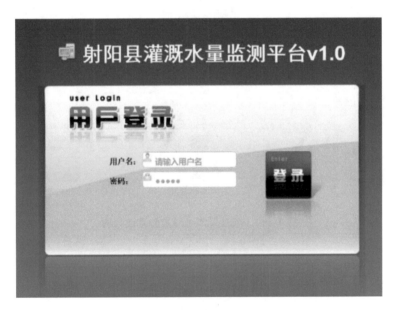

图 4.2-1 射阳县灌溉水量监测系统电脑登录界面

2) 管理系统

软件用户主要为水利局相关人员,用户登录后,可进入系统。系统分为功能目录和监测情况两大部分。

(1) 功能目录

登录界面左边为系统的功能目录,可以点击目录中任一功能,进入相应界面。

（2）监测情况

登录界面右边为各个站点实时水量的监测情况，具体如图4.2-2所示。

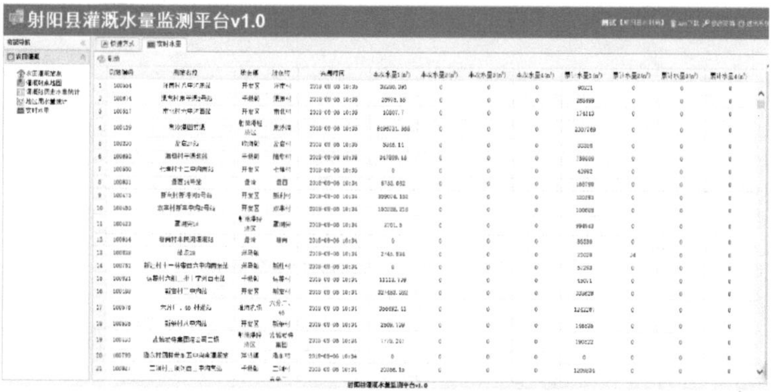

图4.2-2　射阳县灌溉水量监测管理系统全图

3）灌溉站点

点击"农业灌溉站点"随即进入农业灌溉站点的基本信息展示（图4.2-3），依次为站名、测站编号、所属乡镇、所在村、水泵台数、机组功率、机组流量、受益面积及照片。

图4.2-3　农业灌溉站点界面显示

（1）点击页面"新增"打开，如图4.2-4所示界面，填写站点名称等相关信息，其中多为必须填写项，点击"保存"就可以将站点信息保存在系统里。

图 4.2-4　农业灌溉站点界面显示

（2）选择一个站点信息，点击"编辑"打开，如图 4.2-5 所示界面，对已经添加的站点信息进行修改后，点击"保存"。

图 4.2-5　对站点信息进行编辑

（3）选择一个站点信息，点击"删除"，将站点进行删除，如图 4.2-6 所示。

（4）选择一个站点信息，点击"设置坐标"，对站点进行坐标设置，坐标设置包括设置站点的 X 坐标和 Y 坐标，如图 4.2-7 所示。

（5）选择一个站点信息，点击"管理水泵"，对水泵进行新增、编辑和删除，包括水泵型号、水泵功率、水泵流量和水泵编号，如图 4.2-8 所示。

（6）点击"查询"，对站点进行条件查询，条件有站名、所在乡镇、所在村、水泵台数和机组流量，如图 4.2-9 所示。

图 4.2-6　对站点进行删除

图 4.2-7　设置坐标

图 4.2-8　管理水泵

图 4.2-9　条件查询

（7）点击"导出"，对灌溉站点资料进行导出，如图 4.2-10 所示。

图 4.2-10　站点资料导出

4）地图显示

点击"灌溉站点地图"，可以在地图上显示各个灌溉站地点和站点的基本信息。

（1）灌溉站点地图界面，如图 4.2-11 所示。

（2）显示站点，鼠标移动到站点上面，将显示该站点信息，如图 4.2-12所示。

5）历史水量统计

点击"灌溉站历史水量统计"，可以查询某一站点某一天不同时刻的灌溉量，以数据表格的形式和灌溉站点水量统计图的形式进行显示。

（1）进入灌溉站点数据表，如图 4.2-13 所示。

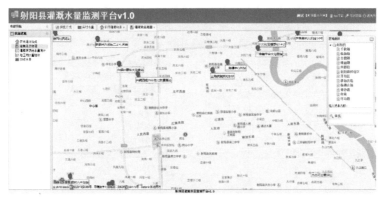

图 4.2-11 灌溉站点地图

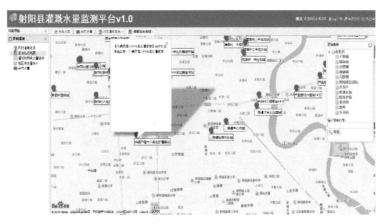

图 4.2-12 站点信息图

（a）灌溉站点数据表

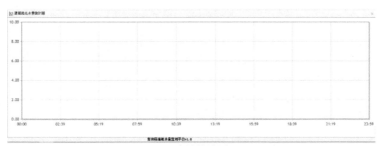

（b）水量统计图

图 4.2-13 灌溉站点水量统计

（2）选择日期、选择站点，点击"查询"，如图 4.2-14 所示。

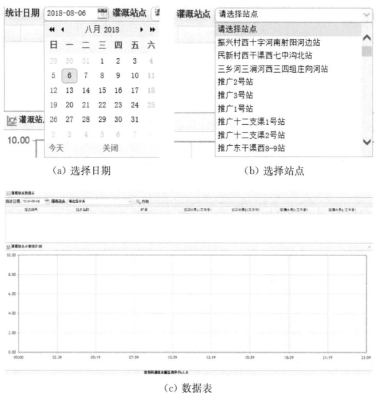

（a）选择日期　　　　　　　　　（b）选择站点

（c）数据表

图 4.2-14　查询站点数据

6）地区用水量统计

点击"地区用水量统计"，可以查询某一地区每天、每月的用水量，以数据表格的形式进行显示。

（1）点击"月统计报表"，选择年份、月份，点击"查询"，如图 4.2-15 所示。

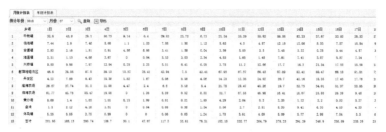

图 4.2-15　月统计报表

（2）点击“年统计报表”，选择年份、地区，点击“查询”，如图 4.2-16 所示。

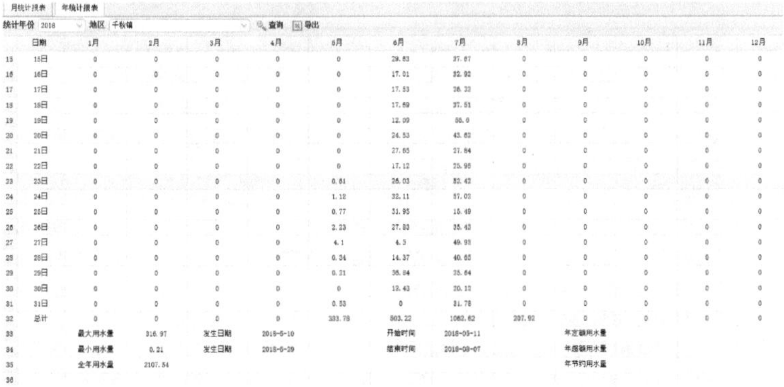

月统计报表 年统计报表

统计年份 2018 地区 千秋镇 查询 导出

	日期	1月	2月	3月	4月	5月	6月	7月	8月	9月	10月	11月	12月
15	15日	0	0	0	0	0	29.83	37.67	0	0	0	0	0
16	16日	0	0	0	0	0	17.01	32.92	0	0	0	0	0
17	17日	0	0	0	0	0	17.53	26.32	0	0	0	0	0
18	18日	0	0	0	0	0	17.69	37.51	0	0	0	0	0
19	19日	0	0	0	0	0	12.09	56.6	0	0	0	0	0
20	20日	0	0	0	0	0	24.53	43.62	0	0	0	0	0
21	21日	0	0	0	0	0	27.65	27.84	0	0	0	0	0
22	22日	0	0	0	0	0	17.12	25.95	0	0	0	0	0
23	23日	0	0	0	0	0.61	26.03	52.42	0	0	0	0	0
24	24日	0	0	0	0	1.12	32.11	57.03	0	0	0	0	0
25	25日	0	0	0	0	0.77	31.95	15.49	0	0	0	0	0
26	26日	0	0	0	0	2.23	27.83	35.43	0	0	0	0	0
27	27日	0	0	0	0	4.1	4.5	49.93	0	0	0	0	0
28	28日	0	0	0	0	0.34	14.37	40.65	0	0	0	0	0
29	29日	0	0	0	0	0.21	36.84	35.64	0	0	0	0	0
30	30日	0	0	0	0	0	12.43	20.12	0	0	0	0	0
31	31日	0	0	0	0	0.53	0	31.78	0	0	0	0	0
32	总计	0	0	0	0	333.78	803.22	1062.62	207.92	0	0	0	0
33		最大用水量	316.97	发生日期	2018-5-10		开始时间	2018-05-11		年定额用水量			
34		最小用水量	0.21	发生日期	2018-5-29		结束时间	2018-08-07		年超额用水量			
35		全年用水量	2107.54							年节约用水量			
36													

图 4.1-16　年统计报表

7）实时水量

点击“实时水量”，可以查询各个站点实时水量的监测情况，如图 4.2-17 所示。

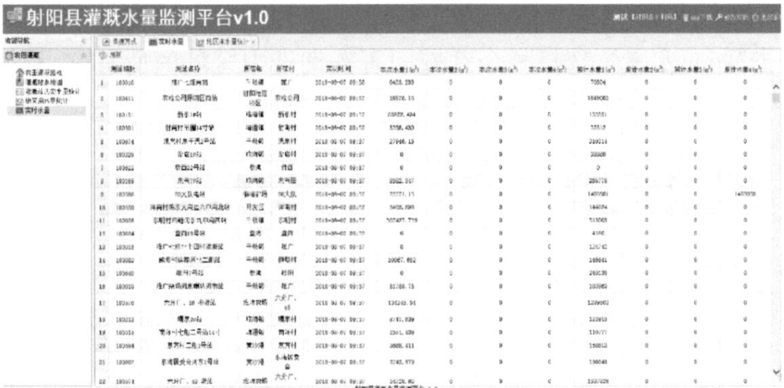

图 4.2-17　实时水情监测

4.2.3　手机操作

（1）登录界面

灌溉水量监测平台 v1.0 版软件手机 APP 用户登录界面如图 4.2-18 所示。

（2）管理系统

进入系统后，可见如图 4.2-19 所示的系统功能目录，可以点击目录中任一功能,进入相应界面。

图 4.2-18　手机 APP 登录界面　　　图 4.2-19　功能目录

（3）实时水量

点击"实时水量",选择某个区域即可查询选中区域的所有站点的实时水量(如图 4.2-20 所示,以千秋镇为例)。

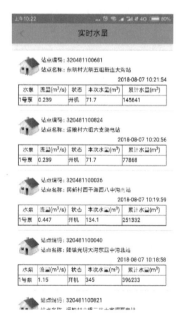

图 4.2-20　实时水量

（4）统计水量

点击"统计水量"，即可查询所有区域的今日用水量、本月用水量以及本年用水量。点击某个区域进入灌溉站点的选择页面，选择某个站点即可进入某个站点的统计水量界面，可以按照年、月、日来进行统计，如图 4.2-21 所示。

| （a）某一区域用水统计 | （b）选择灌溉站点 |

| （c）选择日期 | （d）某一站点的统计水量 |

图 4.2-21　统计水量

（5）站点资料

点击"站点资料"，进入区域选择界面，选择某个区域，显示当前区域所有站点的基本资料，点击某个站点，可以显示当前站点的位置，如图 4.2-22 所示。

（a）选择区域　　　　（b）灌溉站点基本资料

（c）显示站点的位置

图 4.2-22　站点资料

（6）站点分布

点击"站点分布"，进入区域选择界面，选择某个区域即可在地图上显示当前区域的所有站点分布情况，如图 4.2-23 所示。

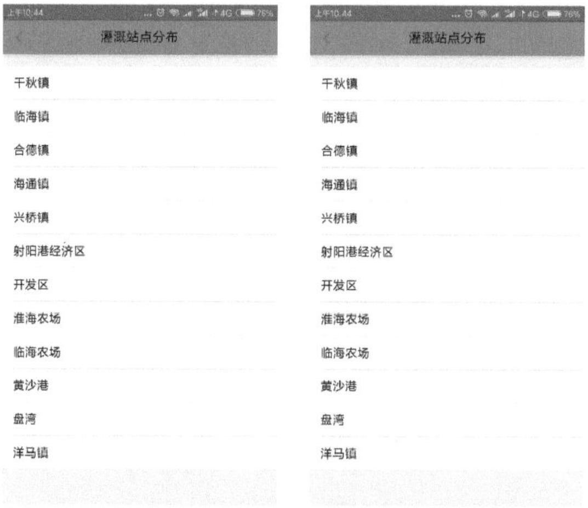

(a) 选择区域　　　　(b) 灌溉站点分布情况

图 4.2-23　站点分布

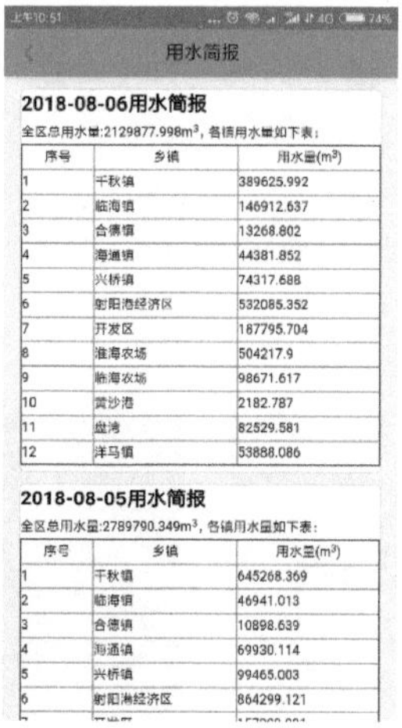
用水简报

2018-08-06用水简报

全区总用水量:2129877.998m³，各镇用水量如下表：

序号	乡镇	用水量(m³)
1	千秋镇	389625.992
2	临海镇	146912.637
3	合德镇	13268.802
4	海通镇	44381.852
5	兴桥镇	74317.688
6	射阳港经济区	532085.352
7	开发区	187795.704
8	淮海农场	504217.9
9	临海农场	98671.617
10	黄沙港	2182.787
11	盘湾	82529.581
12	洋马镇	53888.086

2018-08-05用水简报

全区总用水量:2789790.349m³，各镇用水量如下表：

序号	乡镇	用水量(m³)
1	千秋镇	645268.369
2	临海镇	46941.013
3	合德镇	10898.639
4	海通镇	69930.114
5	兴桥镇	99465.003
6	射阳港经济区	864299.121

图 4.2-24　用水简报

(7) 用水简报

点击“用水简报”，即可查询某日所有区域的用水量，如图 4.2-24 所示。

(8) 气象信息

点击“气象信息”，即可查看气象信息，呈现形式有云图和雷达图两种。

(9) 修改密码

点击“修改密码”，即可进入修改密码界面，如图 4.2-25 所示。

（10）升级检测

点击"升级检测"，即可检测当前客户端是不是最新版本，如图 4.2-26 所示。

图 4.2-25　修改密码

（11）退出登录

点击"退出登录"弹出退出确认对话框，选择"是"退出系统，如图 4.2-27 所示。

图 4.2-26　升级检测　　**图 4.2-27　退出登录**

4.3 计量平台示范应用效果

基于电量水量转换模型的灌溉计量系统包括前端采集设备、传输层和监测一体化平台。前端设备包括：水量水情监测一体化装置 6 000 元；存储设备 1 500 元；前端水位计 5 000 元；电磁流量计一台达 3 万元以上。

基于电量水量转换模型的灌溉计量系统设计使用寿命长达 10 年，方便远程运行维护，同时可以实时查阅泵站的水量、水位信息及实时调阅视频，灌溉水量计量精度高，节水效果明显，经济效益显著。

整个系统在常州武进区、金坛区、溧阳市，盐城盐都区、亭湖区、射阳县、阜宁县、滨海县，徐州沛县，淮安涟水县，宁夏西干渠、惠农渠陆续进行推广和应用，实际应用已超过 1 万套，取得了较好的社会效益。

4.3.1 江苏盐城示范应用

计量平台在盐城市应用非常广泛和全面，几乎覆盖盐城市所有辖市区，尤其在盐城射阳县应用示范效果明显，盐城市在射阳县召开现场会，进一步强化和推进示范点建设。

2022 年 7 月 1 日，盐城市农业水价综合改革巩固提升专项行动现场会在射阳县召开。市水利局副局长王国佐、射阳县副县长吴海燕以及参会人员观摩了射阳县合德镇用水者协会、千秋镇五岸干渠、千秋镇十一支渠用水者协会、千秋镇高效节水示范一号泵站、海通镇林基大沟闸站等现场，详细展示在线计量设施安装、运行管理等应用成果，保质保量完成省厅农业水价综合改革巩固提升专项行动，推动新阶段农村水利高质量发展，为建设"强富美高"新盐城作出应有的贡献。图 4.3-1 为射阳县现场会水量计量平台展示。

据射阳县水利局反馈，自 2020 年 5 月以来，射阳县水利局使用了河海大学研发的高精度农业灌溉水量计量和监测一体化系统 599 台套，用于射阳县 25 200 亩农田灌溉节水管理中，该装置能够实时清晰地看到泵站运行情况并实现远程控制功能，充分利用实时采集水量、水位及视频信息进行各个灌溉泵站水量计量的率定，有效解决了各个灌溉泵站率定流程复杂、精准度不高等问题，有效提高了率定精准度，降低了率定的成本。目前，该项目已经竣工，在使用过程中，系统运行稳定，水量计量精准，并能形成历史灌溉数据，有助于今后进行大数据分析。

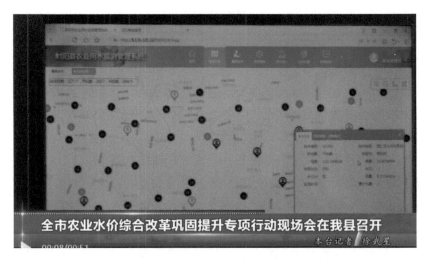

图 4.3-1　射阳县现场会水量计量平台展示

　　据阜宁县水务局反馈,从 2020 年 6 月开始,阜宁县使用了河海大学与江苏省水利科学研究院联合研发的高精度农业灌溉水量计量管理体系和监测一体化系统 360 台套,应用于阜宁县 1.51 万亩农田灌溉节水管理中。自管理体系投入运行以来,提高了农业灌溉水量管理效率,实现了灌溉泵站运行情况的实时监测,提高了灌溉泵站水量计量精度,降低了率定成本,取得了显著的节水效果,社会和经济效益显著,如图 4.3-2 所示。

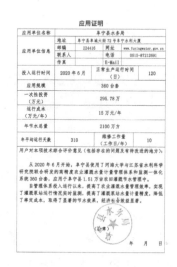

图 4.3-2　平台在盐城射阳县和阜宁县应用效果证明

4.3.2 宁夏西干渠示范应用

在宁夏西干渠管理处,西干渠与河海大学联合开展"渠道扬水泵站智能量水关键技术及应用"研究,安装泵站智能水量监测设施 56 套,实现了泵站用水监测实时化、用水调度科学化的目标,运行一年多来,设备稳定、测量水量精准度高、实施安装方便快捷。

4.4 本章小结

本章结合全省灌区用水计量设施建设和管护现状,以大中型灌区灌溉用水为研究对象,以提高灌溉用水效率为目的,以最低成本状态下产生最大效益为目标,构建了大中型灌区灌溉用水管理模式,提出了一个基于区块链技术的大中型灌区灌溉用水计量平台,主要结论如下:

(1)农业灌溉水量监测系统("灌溉水量监测平台 v1.0")工程架构主要包括终端设备、通信网络和监控中心三层;终端设备主要包括各个站点水量采集设备等;通信网络主要包括 GPRS 等无线通信网络;监控中心主要包括水量数据采集中心软件、水利局各级管理用户 PC 和移动终端水量监测系统软件等。

(2)研究形成了"农田用水点—乡镇水利站—区(县)水利局—市水利局—省水利厅"的五级农业灌溉用水计量设施应用和管理体系,"灌溉水量监测平台 v1.0"遵循此模式,可以实现的功能包括:农业灌溉水量监测站点的管理,包括站名、地点、区域;农业灌溉水量监测站点地图,将相应信息显示在地图上;显示灌溉站历史水量数据表以及地区用水量日统计报表和年统计报表;统计实时水量。

(3)"灌溉水量监测平台 v1.0"在常州武进区、金坛区、溧阳市,盐城盐都区、亭湖区、射阳县、阜宁县、滨海县,徐州沛县,淮安涟水县,宁夏西干渠、惠农渠陆续进行推广和应用,实际应用已超过 1 万套,取得了较好的社会效益。

第五章

计量对农业水价
综合改革的效果

计量供水是农业水价改革的基础,其根本目标是通过完善用水计量设施、细化计量单元,逐步实现计量到户、计量收费,以此促进农业水价改革。推进农业灌溉用水计量设施的建设和管理,是促进农业水价综合改革进程、优化灌溉用水调度的必然要求。

5.1 对健全水价形成机制的效果

一直以来,中国农业水价总体偏低,许多地区存在水资源供需矛盾突出、用水浪费现象严重、农业水价形成机制不完善等一系列问题。在农业水价综合改革完成前,江苏的水价水平和水价结构不利于供水工程和设施的运行、维护和更新改造,也不利于节约用水和水资源优化配置。建立合理的水价形成机制对完成水价改革任务以及推进农业节水至关重要。健全水价形成机制主要包括出台水价核定办法、科学核算农业水价、出台县级指导价格、合理确定执行水价等方面内容。计量设施建设是水价成本测算的基础,也是科学核定水价的前提,对完善水价形成机制有着重要的推动作用(图 5.1-1)。

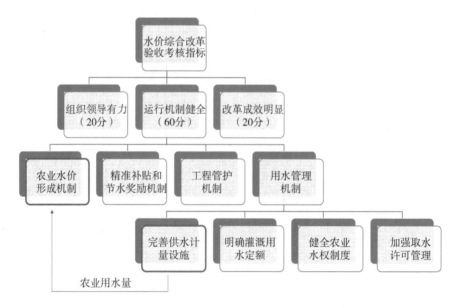

图 5.1-1　农业水价综合改革验收指标

(1) 计量设施有利于开展水价成本测算工作

运行维护成本水价测算是指根据国家及地方农业水价成本测算相关依

据,结合工程属性,遵循成本监审原则,对水利工程运行维护过程中实际发生的各项成本费用数据进行核算,农业用水价格测算主要计算数据包括维修费、燃料及动力费、职工薪酬、管理费用、生产费用、农业用水年平均供水量、农业用水需求量。测算公式如下:

单一制农业用水价格:(维修费+燃料及动力费+职工薪酬+管理费用+生产费用)÷农业用水年平均供水量;

两部制农业用水价格:基本水价=(职工薪酬+管理费用+50%维修费)÷农业用水需求量;计量水价=(燃料及动力费+生产费用+50%维修费)÷农业用水年平均供水量。

农业供水量一般按照最近3～5年平均实际供水量确定。只有利用计量设施准确计量出农业用水量,才能测算并确定出切合实际的、农民群众所接受的合理水价,达到水价改革的目的。2016年前,全省计量设施建设缓慢,计量设施覆盖率较低,灌区难以准确获得实际用水量;2016年后,全省对已建、在建的农田水利工程计量设施的投入逐渐加大,灌溉用水计量范围不断扩大,计量精度不断提升,对各地顺利开展水价成本测算工作有很大的推动作用。

（2）计量设施有利于推动精准补贴和节水奖励

计量设施全覆盖前,计量设施配套不完善,计量数据不能真实反映用水情况,水行政主管部门难以结合实际用水量、生产效益、区域农业发展政策等情况合理出台县级指导水价,这不利于农业水价形成机制的建立。计量设施全覆盖后,有助于相关县区重新核算农业供水成本,修订农业水价核定办法、节水奖励及精准补贴办法等文件,规范了协商定价程序,并在年初结合省灌溉用水定额下达农业用水计划,实行总量控制、定额管理。督促县区水行政主管部门做好农业用水计量数据扎口管理工作,统筹考虑精准补贴、节水奖励安排、超定额累进加价、节水效益等因素,确保改革既不增加农民负担,又能实现节水效益。

（3）计量设施有助于改革区水费按量收取

农业灌溉水费的征收是为了补充水利工程建设、维护以及管理成本,确保农田水利工程可持续利用,维持水管单位正常的生产经营活动。中华人民共和国成立以来,我国的水价制度经历了无偿供水、低标准收费、按成本收费等阶段。在水价改革过程中,要想实现由"按亩收费"变为"按方收费",关键一环便是准确获取农田灌溉用水量。目前,随着全省计量设施和计量技术的快速发展,农田灌溉用水计量方式由传统的水工建筑物量水提升到先进仪器与技术结合量水,实现了用水量信息采集监测数字化、远程化、自动化,便于相关单位对各地、各灌区进行水费收缴。截至 2020 年底,全省水费实收率达到 95% 以上,推动了水价改革任务的完成。

5.2　对农业节水及节水监管的效果

1) 促进农业节水

以工程和计量设施建设为硬件基础,以"总量控制、定额管理"为制度基础,统筹推进农业水价综合改革,形成促进农业节水的政策合力。

各地制定精准补贴和节水奖励机制,通过灌溉前各地根据定额标准下达用水指标,灌溉结束后核定用水总量来体现节水量,并按办法实行节水奖励。部分地区通过对用水主体节水量的考核,将节水奖励按照资金或者物质等实质性的优惠,及时地下发,让农户切实感受到政策的实际性,激发群众节水热情。

据调研统计,2019 年、2020 年全省农业用水节水量分别为 20.03 亿 m³、22.34 亿 m³,各市之间的节水量与计量设施覆盖面积变化差异基本一致(见图 5.2-1)。由此可见,计量设施显著影响各地节水成效,推动计量设施建设与安装,对农业节水有着重要作用。

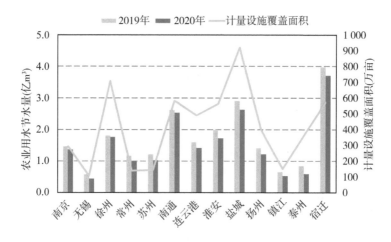

图 5.2-1　江苏省计量设施覆盖面积及 2019、2020 年度节水量

2) 助力节水监管

提高节水监管能力,需充分运用信息平台网络化、大数据、智能化的手段,加强监测计量体系和信息化建设,切实提高节水计量、监测、统计、核查水平。用水计量监测全覆盖后,规模以上取水企业能够将取水计量在线监测数据及时、稳定、准确地上传至监控系统,可以实现用水数据实时监测和采集。

（1）加强设施维护

灌溉工程设施管理是节约用水的关键。加强设施管理,减少灌溉工程的非工程性水量损失,保证了较高的渠系水利用。管网分布密集、排查不及时是设施管理中存在的主要问题。用水计量监测通过数据的采集功能,实时获取管网渗漏、水量流失情况,及时维修止损,保障设施正常运行,减少水资源浪费。

（2）促进用水管理

计量监测系统的计算能力和分析能力,为设计灌溉水量提供依据。通过计量监测系统的主动上报功能,上报水压、流速、雨量、瞬时流量和累计流量等数据,实时监测闸门的运行状态,根据水位、流量数据远程控制闸门开关/开度,合理调配水资源,同时也为计量收费提供依据。

（3）提高节水意识

用水设施的在线监测,能及时发现并制止偷水、抢水、用水浪费等行为。通过对计量设施的智能控制,达到用水精量控制的效果。水量的计算正确,促使用水者对取用水资源的计量管理工作有了进一步的认识,提高了用水者的节水意识,为水资源节约保护和合理开发利用提供了保障。

（4）监督节水成效

以往纸质的用水记录无法核实、计算,节水量均以当地上报数据为准。计量设施全覆盖后,形成了电子的用水记录,进一步明确灌水定额和灌溉定额,精确节水数据。数据的公开、透明,有利于灌区的监督管理,保障节水成效。

计量设施依托智能化远程传输,建立用水实时监控平台,实现各个不同的用水单元在线监测。以阜宁县为例,阜宁县通过安装明渠管道流量计、远程传输继电器等多种方式,实现用水计量。在各镇区选取泵型不同、扬程不同、建设年代不同的典型泵站,安装明渠管道流量计,得到电量与流量折算关系曲线。同时,在与典型泵站相似的泵站安装远程传输继电器,通过计电量和典型泵站电流流量折算系数,推算用水量。既满足了灌溉水量计量精度的要求,又大大节约了计量设施成本。截至 2019 年,全县共安装了计量设施 2 868 台套,实现了计量设施安装全覆盖。按照明渠管道流量计、"以电折水"

等多种计量方式,测得全县 2018 年种植业实际用水量为 37 969 万 m^3,节约水量为 7 992 万 m^3,年节水率为 17.4%;2019 年种植业实际用水量为 38 453m^3,节约水量为 7 508 万 m^3,年节水率为 16.3%。

5.3 对测算灌溉水有效利用系数的效果

农田灌溉水有效利用系数(IWEUC)是《中华人民共和国国民经济和社会发展第十三个五年规划纲要》和水资源管理"三条红线"控制目标的一项主要指标,是推进水资源消耗总量和强度双控行动、全面建设节水型社会的重要内容。切实做好农田灌溉水有效利用系数测算分析工作,是贯彻新时期治水思路和落实水利改革发展总基调的重要内容,对于客观反映农田水利工程状况、用水管理能力、灌溉技术水平,有效指导农田水利工程规划设计,合理评估农业节水,促进区域水资源优化配置等具有重要意义。灌溉水有效利用系数测算工作的关键在于如何准确测量灌区的毛、净灌溉用水量,建设和发展灌区完好的量水设施,建立灌区完善的长效管护机制,是提高灌区经济效益、促进农业节水、提升灌溉用水效率的必要工具和手段,也是水价改革节水成效的重要体现。

(1) 计量设施有助于用水量测定,方便系数测算

江苏省灌区类型众多,工程类型、管理水平千差万别,对量水设施的要求差异较大,现有的量水设备不能完全满足量水工作的要求,且经济投入有所限制,在 2016 年前,全省农业用水基本未安装计量设施,渠首主要采取传统的人工观测上下游水位测算等手段,灌溉用水量大多采用定额法或者根据泵站开机时间、灌溉面积、电费进行估算,不能完全反映灌区的实际灌溉用水量,从而影响了灌溉水有效利用系数的准确性。因此,为贯彻落实江苏省水利厅《关于加强农村水利工程计量设施建设的通知》(苏水农函〔2015〕72 号),从 2016 年开始,计划在新建的灌溉泵站及灌排结合站配套建设计量设施,加强农业用水计量,促进农业用水管理,实现农业节水,为江苏省的灌溉水有效利用系数测算工作打下了坚实的基础。

(2) 完善的用水计量体系有助于提升系数测算的有效性

灌区量水设施建设是实行农业水价综合改革的前提措施,是促进节约用水的必要工具和手段。目前,灌溉水有效利用系数测算多使用"首尾测算法"进行量测,需要大量的人力、物力,在推进大中型灌区续建配套与现代化改造

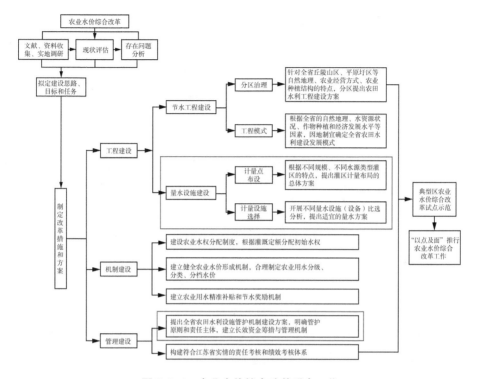

图 5.3-1 农业水价综合改革重点工作

过程中,加大装配式建筑物、信息化建设,布置先进、高效、实用的用水计量设施,建立完善的灌溉用水计量体系,有条件的地方试点采用自动化量水设施,逐步提高自动化量水设施比例,不断提升灌区灌溉用水量的观测精度和测算分析水平,促进农业供水的可持续发展。

自国家实行"最严格水资源管理制度"和推进农业水价综合改革工作以来,江苏灌溉水有效利用系数逐年增加,从 0.567(2011 年)增加到 0.616(2020 年),增幅为 8.64%。图 5.3-2 给出了水价改革后全省计量设施建设进度、管护面积覆盖率和灌溉水有效利用系数增长率之间的关系。从图中可以看出,自 2016 年开始,灌溉水有效利用系数增幅在逐渐减缓,前期系数提升高于中后期。由于前期阶段,全省大力推广控制灌溉等节水灌溉模式,加之农业水价综合改革的逐步推进,减少了农业用水的浪费,大大提升了灌溉水的使用效率,系数提升较快;中后期随着农业水价改革基本完成,农业灌溉用水计量设施建设不断完善和管护水平不断提升,节水灌溉水平得到进一步提高,系数增长稳定。

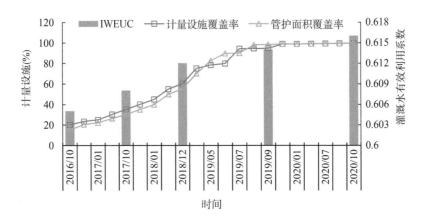

图 5.3-2　江苏省计量设施建设进度及灌溉水利用系数对比

5.4　本章小结

农业用水计量是开展农业水价改革的前提,也是实现农业节水的重要方式,通过完善用水计量设施、细化用水计量单元,促进农业水价综合改革工作的完成。本节通过计量对促进水价形成机制、强化农业节水和监管、提高灌溉水有效利用系数等方面,分析计量对农业水价综合改革的推动效果,得到的主要结论如下:

(1) 农业水价形成机制是农业水价综合改革工作的核心之一,其对开展改革具有重要意义,也对推进农业节水至关重要,而计量设施能够促进建立健全农业水价形成机制。这是因为建立健全农业水价形成机制主要包括出台水价核定办法、科学核算农业水价、出台县级指导价格、合理确定执行水价等环节,其中,科学核算农业水价是基础,主要是要完成农业用水成本测算,计量设施建设是开展这项工作的前提,是科学核算农业用水价格的基础,能够推动精准补贴和节水奖励,同时也有助于改革区水费按量收取。

(2) 计量设施能够促进农业节水,助力节水监管。通过以工程和计量设施建设为硬件基础,以"总量控制、定额管理"为制度基础,统筹推进农业水价综合改革,形成促进农业节水的政策合力,2019 年、2020 年全省农业用水节水量分别为 20.03 亿 m^3、22.34 亿 m^3,这与计量设施的建设和良性管护是分不开的;同时,在推进改革的过程中,充分运用信息平台网络化、大数据、智能化的手段,加强了计量设施的信息化建设,切实提高了计量设施的管理水平。

（3）农田灌溉水有效利用系数测算是农业水价综合改革成效的反映,计量设施配套健全有助于灌区的灌溉水有效利用系数测算。研究结果显示,自2016年开始,农田灌溉水有效利用系数提升较快,这是由于前期阶段,全省积极推进农业水价综合改革工作,减少了农业用水的浪费,大大提升了灌溉水使用效率;中后期随着农业水价改革基本完成,农业灌溉用水计量设施建设不断完善和管护水平不断提升,节水灌溉水平得到进一步提高,系数稳定增长。

第六章

结论与展望

6.1 主要结论

（1）江苏农业灌溉用水计量建设和管理日趋完善，各灌区斗口以下实现了计量设施全覆盖，各地区均建立了计量设施管护制度、落实了管护主体和相关责任，全省用水计量设施整体运行良好。

在计量设施建设方面，江苏计量设施建设发展经历了前期规划、中期发展和后期巩固 3 个阶段，截至 2020 年底，全省计量设施覆盖率达 100%。常用计量设施类型包括水工建筑物量水、特设量水设施量水、仪表类流量计量水和相关系数折算量水共 4 类，其中以相关系数折算量水为主（占比77.31%），仪表类流量计量水次之（占比 14.43%）。可见，江苏计量设施正向低成本、标准化、信息化方向发展。

在计量设施管护方面，江苏计量设施管护制度的建立和执行，遵从国家、省级、市县和镇级各层面的领导，具有"层层深入、分层指导、逐级落实"的特点。各地均明确了管护组织，各管护组织的运行章程、工程管护制度、灌溉管理及水费计收制度、管护组织考核机制、管护组织财务管理制度等较为健全，管护经费使用合理，为江苏灌区计量设施长效运行提供了保障。

（2）从不同计量方法的计量原理、率定方法和计量实例中可以看出，江苏灌溉站点应根据农业灌溉用水的地域特征、灌溉用水需求和用水计量成本，因地制宜地采取相应的灌溉量水技术。综合考虑测量精度、施工难度、安装成本、自动化程度等因素，应优先选择"以电折水"为代表的相关系数折算量水方式。

（3）基于区块链技术和灌区用水精细化管理理论构建的农业灌溉用水计量平台，方便了灌溉站点及时获取实时和历史水量信息，提高了灌区用水计量的精细化、自动化、信息化水平，为灌区用水计量的监测和管理提供了技术支撑。

（4）计量设施建设和长效管护对农业水价综合改革起着重要的推动作用。计量设施有助于水价成本测算，是实现水费按量收缴的保障。计量设施配套健全，有助于灌区的灌溉水有效利用系数测算，对促进农业节水、实现节水监管有重要意义。

6.2 创新点

（1）全面梳理了江苏省农业灌溉用水计量设施发展的建设现状，系统总结了计量设施建设和管护的特点。

（2）构建了一种基于高阶多项式回归算法的电量水量转换模型，系统梳理了江苏灌溉站点不同水量率定方法的适用场景，开发研制了一套"农田用水点—乡镇水利站—区（县）水利局—市水利局—省水利厅"五级管理模式的农业灌溉用水计量平台。

（3）从水价形成机制、灌溉水有效利用系数测算、农业节水及节水监管等方面，分析了用水计量对农业水价综合改革的推动效果。

6.3　研究展望

（1）在计量设施类型方面，采用系数量测方式具有成本低、测算效率高等优点，目前，江苏省采用此方式进行灌溉水量量测的应用范围较广，因此，如何提高此方法的量测精度是后续工作的重点。

另外，采用仪表类流量计计量是全省除以系数进行折算水量外，占比第二重的量水方式，因此，发展成本低、精度高、方便携带、测量方便的量测仪器也是后续工作的重点。

（2）由于时间有限，不同计量设施在不同应用条件下的计量精度测算研究得还不够充分，有待进行深入研究。

参考文献

［1］高雪梅. 中国农业节水灌溉现状、发展趋势及存在问题[J]. 天津农业科学，2012，18(1)：54-56.

［2］王滇红，蔡守华，张健. 京杭大运河江苏段里运河沿线大中型灌区灌溉用水计量方法探讨[J]. 节水灌溉，2018(12)：92-96＋103.

［3］陈毓陵，王靖波. 灌区量水方法及应用对策[J]. 水利水电科技进展，2000(6)：39-42＋69.

［4］张立华，张鲁婧. 灌区量水方法研究[J]. 农业科技与信息，2016(25)：128＋132.

［5］胡荣祥，曹红蕾，郑世宗. 区域农田灌溉用水量测算方法研究分析[J]. 中国农村水利水电，2018(3)：59-61.

［6］谢崇宝，高占义，朱嘉英. 灌区量水技术与设备发展现状及趋势[J]. 节水灌溉，2003(6)：27-28.

［7］蔡勇，李同春. 灌区量水设施分析研究[J]. 中国农村水利水电，2005(2)：13-15.

［8］刘力奂，曾辉斌. 一种新的灌区量水方法[J]. 河海大学学报(自然科学版)，2006(5)：534-536.

［9］胡荣祥，卢成，郑世宗，等. 杭嘉湖平原河网地区农业用水计量方法研究[J]. 节水灌溉，2012(4)：61-63.

［10］沈波，吉庆丰，张玉建，等. 农业灌溉用水计量方法研究[J]. 江苏水利，2017(4)：13-17.

［11］宋卫坤，邬晓梅，李晓琴，等. 农村供水工程计量现状问题及对策建议[J]. 中国农村水利水电，2018(6)：118-121.

［12］REPLOGLE J A，BOS M G. Flow Measurement Flumes：Applications to Irrigation Water Management[J]. Advances in Irrigation，1982(1)：

147-217.

[13] KELLER R J, FONG S. Flow Measurement with Trapezoidal Free Overfall[J]. Journal of Irrigation and Drainage Engineering, 1989, 115 (1): 125-136.

[14] 刘焕芳,宗全利,李强,等. 灌区梯形量水堰测流改进研究[J]. 农业工程学报, 2005(1): 57-60.

[15] GOEL A. On a flow meter for discharge measurement in irrigation channels[J]. Flow Measurement and Instrumentation, 2006, 17(5): 255-257.

[16] THORNTON C I, SMITH B A, ABT S R, et al. Supercritical Flow Measurement Using a Small Parshall Flume[J]. Journal of irrigation and drainage engineering, 2009, 135(5): 683-692.

[17] LEE M, LEU J, CHAN H, et al. The measurement of discharge using a commercial digital video camera in irrigation canals[J]. Flow Measurement and Instrumentation, 2010, 21(2): 150-154.

[18] 蔡守华,赵江辉,王洁,等. 灌溉渠道直读式挡板量水计试验及应用[J]. 农业工程学报, 2010, 26(4): 25-30.

[19] 郑世宗,高对对,贾宏伟,等. 简易量水槛式明渠流量实时量测系统研究与应用[J]. 水利水电技术, 2012, 43(2): 76-78.

[20] 耿介,李冬,彭玮,等. 基于频谱分析法的超声波流量计流道结构优化[J]. 农业工程学报, 2017, 33(24): 104-110.

[21] 王世容,吴军. 浅谈都江堰灌区现代化管理系统[J]. 四川水利, 2001 (5): 37-39.

[22] 郝树荣,任瑞英,郝树刚. 灌区量水技术的发展与展望[J]. 人民黄河, 2003(11): 41-43.

[23] 严晓军. 我国灌区量水技术现状及发展趋势[J]. 中国科技信息, 2010 (17): 89-90.

[24] 韩振中. 大型灌区现代化建设标准与发展对策[J]. 中国农村水利水电, 2013(7): 69-71+74.

[25] 王成福,罗浩,景少波. 浅析我国农业灌区用水量测技术的现状与发展[J]. 陕西水利, 2016(4): 167-168.

[26] 郝晶晶,马孝义,王波雷,等. 灌区量水设备的研究应用现状与发展趋势[J].

中国农村水利水电，2008(4)：39-41＋45.

[27] 方桃,郑文刚. 基于 GIS 技术的远程灌溉用水管理控制系统[J]. 农业工程学报，2008，24(S2)：54-57.

[28] 孟照东,赵丹. 浅谈灌区现代化管理[J]. 水利科技与经济，2010，16(3)：256-257.

[29] 方正,徐晓辉,苏彦莽,等. 农田节水灌溉计量控制系统的研究[J]. 江苏农业科学，2018，46(2)：173-175.

[30] 淮安区水利局,河海大学. 淮安市淮安区 2019 年灌溉泵站"以时折水"测流分析报告[R]. 2019.

[31] 扬州大学,江苏慧仁生态科技有限公司. 兴化里下河地区流动灌溉机船供水计量方案[R]. 2019.

附件

江苏省农业用水计量设施管护情况调研

1 调研工作背景介绍

1.1 农业水价改革要求

进入 21 世纪,我国的治水思路正在发生重大转变。习近平总书记提出"节水优先、空间均衡、系统治理、两手发力"的治水方针,将"节水优先"放在第一位。推进新时代水利改革发展,必须以节约用水为前提。人多水少、水资源时空分布不均,仍然是我国的基本国情、水情,节水是根本性出路,但是水价长期低于供水成本、影响社会资本投资水利的积极性、不利于节约用水的现实问题正在凸显,由此引发的农田水利建设滞后仍然是影响农业稳定发展和国家粮食安全的最大硬伤及明显短板。

农业水价改革是党中央、国务院着力推进水利发展方式转变而做出的重大决策部署,是促进农业节水、建设节约型社会的重要手段和有力杠杆。从 2014 年起,农业水价综合改革连续五年写入政府工作报告,纳入国务院对地方政府的量化目标考核;2015 年,中央一号文件《关于加大改革创新力度加快农业现代化建设的若干意见》也提出了要加快推进农业水价综合改革,"绝对不能拖"。"推进农业水价综合改革,积极推广水价改革和水权交易的成功经验,建立农业灌溉用水总量控制和定额管理制度,加强农业用水计量,合理调整农业水价,建立精准补贴机制",其根本目的是在保证农民基本用水需求的同时,建立"多用水多花钱,少用水少花钱,节约水得奖励"的机制,不在总体上增加农民负担,又促进节约用水。

计量供水是农业水价改革的基础,其根本目标是通过完善用水计量设施、细化计量单元,逐步实现计量到户、计量收费,以此促进农业水价改革。2016 年,《国务院办公厅关于推进农业水价综合改革的意见》(国办发〔2016〕2号)提出:加快供水计量体系建设,新建、改扩建工程要同步建设计量设施,尚未配备计量设施的已建工程要抓紧改造。严重缺水地区和地下水超采地区要限期配套完善。大中型灌区骨干工程要全部实现斗口及以下计量供水;小型灌区和末级渠系根据管理需要细化计量单元;使用地下水灌溉的要计量到井,有条件的地方要计量到户。

在农业水价综合改革工作中,计量设施建设由前期加快建设逐渐转变到强调计量设施管护。2016年以来,全国开展改革工作的省区市大力开展计量设施建设工作;2017年,国家发展改革委、财政部、水利部、农业部和国土资源部联合印发的《关于扎实推进农业水价综合改革的通知》(发改价格〔2017〕1080号)提出,完善工程建设和管护机制,落实工程管护责任,采取多种方式吸引社会资本参与工程建设和管护;2018年,四部门联合印发的《关于加大力度推进农业水价综合改革工作的通知》(发改价格〔2018〕916号)提出,在工程管护模式方面,可因地制宜选择农民用水合作组织管理、水管单位专业化管理、购买社会化服务等模式,建立健全农田灌排设施管护体制机制;2019年印发的《关于加快推进农业水价综合改革的通知》(发改价格〔2019〕855号)提出,统筹推进农业水价形成机制、精准补贴和节水奖励机制、工程建设和管护机制、用水管理机制等四项机制建立,巩固并扩大改革成效;2020年,国家发展改革委、财政部、水利部、农业农村部联合印发的《关于持续推进农业水价综合改革工作的通知》(发改价格〔2020〕1262号)进一步提出,要紧密结合当地实际情况,因地制宜精心设计改革具体操作方案,抓住工程建设有利时机,利用设施节水、农艺节水和管理节水腾出的空间,协同配套推进农业水价形成机制、工程建设和管护机制、精准补贴和节水奖励机制、终端用水管理机制建立,提高用户节水意识,总体上不增加农民负担。

为全面贯彻落实国家对农业水价综合改革工作推进精神,2016年以来,江苏省各地坚持把农业水价改革放在水利工作的突出位置,科学编制方案,夯实工作举措,积极主动作为,因地制宜,由点及面,统筹推进各项改革工作,取得了较明显成效。先后出台了《关于推进农业水价综合改革的实施意见》(苏政办发〔2016〕56号),《关于深入推进全省农业水价综合改革的通知》(苏水农〔2017〕21号),《关于印发〈江苏省农业水价综合改革工作绩效评价办法(试行)〉的通知》(苏水农〔2017〕26号),《关于进一步深入推进全省农业水价综合改革工作的通知》(苏水农〔2018〕30号),《关于深入推进农业水价综合改革的通知》(苏水农〔2019〕22号),《江苏省水利厅等部门关于印发〈江苏省农业水价综合改革工作验收办法〉的通知》(苏水农〔2019〕27号),《省水利厅办公室关于印发〈江苏省农业水价综合改革工作验收指南〉的通知》(苏水办农〔2020〕7号)和《关于全方位高质量完成农业水价综合改革任务的通知》(苏水农〔2020〕18号)等一系列文件,从"水利工程补短板、水利行业强监管、系统治水提质效"角度,制定了治水新思路。计量设施的建设与管护作为农田水利工程建设的重要组成部分,也是监管的重要内容,是提高用水效率、节约用水的重要手段。

1.2 调研工作的必要性

2016 年以来,江苏省大力推进农业水价综合改革工作,坚持政府主导,两手发力;坚持综合施策、系统推进;坚持因地制宜,分类实施;坚持供需统筹,注重实效。围绕促进农业节约用水、保障工程良性运行两大改革目标,明确改革面积、制订年度改革计划、落实各项改革措施,着力建立健全完善四项改革机制,包括农业水价形成机制、精准补贴和节水奖励机制、工程建设和管护机制以及用水管理机制,全面实现"改革面积、计量措施、工程产权、管护组织"四个全覆盖。2020 年 12 月,正值"十三五"收官、"十四五"开局之际,全省全力加速推进,率先在全国完成了农业水价综合改革,成绩突出、成果丰硕、成效明显,高质量完成了改革任务。

计量用水是农业水价综合改革的基础工作,是科学核定农业用水价格的基础,是农业水价综合改革工作的重要环节,而灌区的计量设施安装之后,如果管理欠规范,后期的维护养护工作没有跟上,且计量数据没有及时有效地整理并加以利用,会导致安装后的计量设施不能充分发挥应有的效用。因此,本次围绕掌握计量设施建设情况、计量设施管护情况的目标,开展计量设施管护情况调研,进一步收集和梳理全省计量设施建设、管护现状,在完成农业水价综合改革工作的同时,总结全省计量管护工作经验,宣传推广在计量管护工作中的优秀做法。此外,在此次调研过程中,也可以继续发现问题,及时有针对性地解决问题,进一步巩固农业水价改革成果,为全省接下来农业水价综合改革工作"回头看"做好准备。

1.3 调研工作开展情况

1.3.1 调研工作范围

根据调研目标,课题组制订了管护工作调研实施方案,自 2019 年 8 月至 2020 年 12 月,调研人员(见表 1-1)分别对全省实施农业水价改革的 13 个设区市 79 个改革县(市、区)开展了计量设施建设和管护情况调研,具体调研时间安排见表 1-2。

表 1-1　主要调研人员名单

序号	姓名	专业	工作单位	组别	主要工作
1	杨星	水利工程	江苏省水利科学研究院	第一组	现场调研、报告编制
2	侯苗	水利工程	江苏省水利科学研究院		资料查阅、报告编制
3	骆政	水利工程	江苏省水利科学研究院		资料查阅、现场调研
4	翁松干	应用化学	江苏省水利科学研究院	第二组	资料查阅、现场调研
5	王同顺	水土保持	江苏省水利科学研究院		资料查阅、现场调研
6	张馨元	农业水土工程	江苏省水利科学研究院		资料查阅、现场调研
7	王志寰	水利工程	江苏省水利科学研究院	第三组	资料查阅、报告编制
8	巫旺	农业水土工程	江苏省水利科学研究院		资料查阅、现场调研

1.3.2　调研工作内容

从 2019 年 8 月至 2020 年 12 月,调研组采用查阅资料、实地调研、问卷调研、访谈调研、座谈调研等方式,针对灌溉泵型号、功率、年限、灌溉泵站下游和上游管道、丰水和枯水时间、灌溉水量记录方式、计量方式、计量精度、计量设施管护制度、计量设施管护情况等进行调研。具体调研情况见表 1-2。

表 1-2　具体调研情况统计表

序号	调研地区	调研时间	调研人员	调研方式	计量设施建设	管护组织
					调研内容	
南京市						
1	高淳区	2019.08.27	第一组	A、B	√	√
2	溧水区	2020.06.03		A、B、C、D	√	√
3	江宁区	2020.08.14		A、B、C、D	√	√
4	浦口区	2020.07.06		A、B	√	√
5	六合区	2020.09.14		A、B	√	√
6	栖霞区	2020.10.05		A	√	√
淮安市						
1	清江浦区	2020.05.08	第一组	A	√	√
2	淮安区	2020.05.06		A、B	√	√
3	淮阴区	2020.05.07		A、B	√	√
4	洪泽区	2020.05.08		A	√	√
5	涟水县	2020.05.08		A	√	√
6	金湖县	2020.05.11		A、B	√	√
7	盱眙县	2020.05.11		A	√	√

序号	调研地区	调研时间	调研人员	调研方式	调研内容	
					计量设施建设	管护组织
盐城市						
1	东台市	2020.04.16	第一组	A、B	√	√
2	大丰区	2020.04.17		A、B	√	√
3	盐都区	2020.04.17		A、B	√	√
4	亭湖区	2020.04.18		A、B	√	√
5	建湖县	2020.10.20		A、B	√	√
6	射阳县	2020.10.19		A、B	√	√
7	阜宁县	2019.09.06		A、B、C、D	√	√
8	滨海县	2020.05.04		A、B、C、D	√	√
9	响水县	2020.05.05		A、B、C、D	√	√
宿迁市						
1	沭阳县	2020.10.19	第一组	A	√	√
2	泗阳县	2020.10.20		A、B	√	√
3	泗洪县	2020.10.19		A	√	√
4	宿豫区	2020.10.19		A	√	√
5	宿城区	2020.10.21		A、B	√	√
徐州市						
1	丰县	2020.06.07	第二组	A	√	√
2	沛县	2020.06.08		A	√	√
3	睢宁县	2020.06.09		A、B	√	√
4	邳州市	2020.06.09		A	√	√
5	新沂市	2020.06.10		A	√	√
6	铜山区	2020.06.10		A、B	√	√
7	贾汪区	2020.06.11		A、B	√	√
南通市						
1	海安市	2020.08.03	第二组	A、B	√	√
2	如皋市	2020.08.03		A、B	√	√
3	如东县	2019.10.07		A、B	√	√
4	启东市	2020.08.05		A、B	√	√
5	海门区	2020.08.06		A、B	√	√
6	通州区	2020.08.06		A、B	√	√

序号	调研地区	调研时间	调研人员	调研方式	调研内容	
					计量设施建设	管护组织
连云港市						
1	东海县	2020.09.16	第二组	A	√	√
2	灌云县	2020.09.14		A、B	√	√
3	灌南县	2020.09.15		A、B	√	√
4	赣榆区	2020.09.16		A	√	√
5	海州区	2020.09.16		A	√	√
扬州市						
1	宝应县	2020.10.21	第二组	A	√	√
2	高邮市	2020.10.21		A、B	√	√
3	江都区	2020.10.22		A、B	√	√
4	仪征市	2020.10.22		A	√	√
5	广陵区	2020.10.22		A	√	√
6	邗江区	2020.10.22		A	√	√
无锡市						
1	江阴市	2020.10.19	第三组	A、B、D	√	√
2	宜兴市	2020.10.20		A、B、D	√	√
3	锡山区	2020.10.25		A、B、C、D	√	√
4	惠山区	2020.10.25		A、B、D	√	√
常州市						
1	溧阳市	2020.09.14	第三组	A	√	√
2	金坛区	2020.09.14		A、B	√	√
3	武进区	2020.09.15		A、B	√	√
4	新北区	2020.09.16		A	√	√
苏州市						
1	张家港市	2020.10.21	第三组	A、B	√	√
2	常熟市	2020.10.22		A、B	√	√
3	太仓市	2020.10.22		A	√	√
4	昆山市	2020.10.21		A、B	√	√
5	吴江区	2020.10.21		A	√	√
6	吴中区	2020.10.22		A、B	√	√
7	相城区	2020.10.22		A	√	√

续表

序号	调研地区	调研时间	调研人员	调研方式	调研内容	
					计量设施建设	管护组织
镇江市						
1	丹阳市	2020.07.07	第三组	A、B	√	√
2	句容市	2020.07.08		A、B	√	√
3	扬中市	2020.07.09		A	√	√
4	丹徒区	2020.07.10		A	√	√
泰州市						
1	海陵区	2020.08.03	第三组	A、B	√	√
2	姜堰区	2020.08.04		A、B	√	√
3	高港区	2020.08.04		A、B	√	√
4	靖江市	2020.08.05		A、B	√	√
5	泰兴市	2020.08.06		A、B	√	√
6	兴化市	2020.08.06		A、B	√	√

注:调研方式为 A 查阅资料、B 实地调研、C 问卷调研、D 座谈调研。

1）查阅资料

本次调研共查阅了全省范围内有改革任务的 13 个设区市 79 个县（市、区）的改革台账，重点对其中涉及计量设施的内容进行调研分析。图 1-1 为调研人员查阅的各地台账资料。

图 1-1　查阅的各地台账资料

2）实地调研

本次实地调研全省 13 个设区市共 50 个涉农县（占全省比例 65%）计量设施建设现状,可代表全省计量设施建设情况。对每个涉农县分别查看了 2 个乡镇;对每个乡镇分别抽取 4 处泵站、渠道等灌溉工程并查看其计量设施现状;抽取 2 个管护组织并查看其计量设施管护情况。图 1-2 至图 1-7 为实地调研的一些现场照片。

（1）现场调研计量设施建设情况

（a）计量设施状况良好

（b）计量设施状况为"一般"及"以下"

图 1-2　计量设施安装情况

（2）"以电折水""以时折水"等计量方式

图1-3 "以电折水""以时折水"

（3）计量设施日常管护台账

图1-4 泵房内台账资料图

（4）计量设施管护组织建设

（a）成立证书

（b）制度上墙

（c）管护台账

图 1-5 管护组织建设（部分）

（5）计量设施管护制度建设

图 1-6　泵站内(外)管护制度上墙

图 1-7　泵站内(外)管护公示牌

3）问卷调研

本次针对计量设施管护情况，在南京市、盐城市等地发放调查问卷，问卷主要内容是对计量设施建设、用途、管护情况的知晓情况等。图 1-8 为随机进行问卷调查的一些照片。

计量设施管护情况调查问卷

姓名：_____ 地址：_____镇 _____村

1. 您对农业灌溉用水计量设施建设的知晓情况：
（ ）知道 （ ）不知道
2. 您对您所在区域农业灌溉用水计量设施建设的目的知晓情况：
（ ）知道 （ ）不知道
3. 您对农业灌溉用水节水奖励机制是否知晓？
（ ）知道 （ ）不知道
4. 您对本村范围内农业灌溉用水计量设施的管护主体是否知晓？
（ ）知道 （ ）不知道
5. 您对本村范围内农业灌溉用水计量设施的管护责任落实情况的印象是：
（ ）非常满意 （ ）满意 （ ）基本满意 （ ）不满意
6. 请写下您对本村范围内计量设施建设和管护工作的其他建议：_____

图 1-8　发放调查问卷

4）座谈调研

本次针对计量设施建设和管护情况，在南京、盐城、无锡等地组织了 4 场座谈会，邀请管理单位相关人员和部分群众开展交流。图 1-9 为座谈交流现场的一些照片。

图 1-9 组织座谈会

2 调研工作实例分析

根据农业灌溉用水的地域特征、灌溉用水需求，本章从南水北调供水区、里下河区与盐城渠北区、通南沿江高沙土区、苏南平原区与圩区、丘陵山区等五大片区中分别选择一个基础条件较好的县（市、区）作为案例，进行调研工作的实例介绍。从其地区基本情况、管护组织建设、管护资金落实、管护工作开展、管护考核情况等方面进行描述，总结其计量设施管护制度，并有针对性地提出改善建议。

2.1 南水北调供水区——以扬州市江都区为例

南水北调供水区主要包括扬州、宿迁和连云港等地，该片区多年平均降雨量小于蒸发量，人均、亩均水资源占有量不高；同时，该片区大中型灌区分布集中且数量较多；该片区计量设施建设基础条件好，通过优化水源调度、加强灌区续建配套与节水改造等措施，缓解了水资源短缺的局面。扬州市江都区自 2017 年初开展农业水价综合改革工作以来，结合地区实际，采用超声波流量计、电磁流量计、计时器、"以电折水"等多种率定方式，全面实现了用水计量，地区计量设施建设和管护基础资料丰富，因此，选择其作为典型案例进行分析。

2.1.1 地区基本情况

江都区境南有长江和淮河入江水道，长江、淮河两大水系交汇于三江营。全区有效灌溉面积 92 万亩，下辖 13 个镇。全区现有固定灌溉泵站（含灌排两用泵站）3 063 座，装机容量为 46 383.3 kW，灌溉保证率为 75％左右。结合地区实际，采用超声波流量计、电磁流量计、计时器、"以电折水"以及泵站流量等率定方式，实现用水计量。全区共有计量点 4 515 处。表 2.1-1 为江都区各镇计量设施配备情况汇总表。

表2-1 江都区计量设施配备情况汇总表(斗口以下)

序号	镇名	计量点数量	计量覆盖范围(亩)	所属灌区	备注
全区合计		4 515	919 999		
1	仙女镇	242	62 357	沿运灌区、向阳河灌区	
2	樊川镇	671	89 122	沿运灌区、三阳河灌区	
3	大桥镇	437	96 655	红旗河灌区、向阳河灌区	
4	小纪镇	728	121 638	野田河灌区、三阳河灌区	
5	丁伙镇	334	68 999	沿运灌区	
6	丁沟镇	429	79 482	沿运灌区、野田河灌区、三阳河灌区、团结河灌区	
7	浦头镇	143	33 528	红旗河灌区	
8	武坚镇	294	82 004	野田河灌区、三阳河灌区	
9	宜陵镇	125	49 567	团结河灌区	
10	真武镇	324	54 200	沿运灌区	
11	郭村镇	449	74 052	野田河灌区、红旗河灌区、团结河灌区	
12	邵伯镇	173	56 560	沿运灌区	
13	吴桥镇	166	51 835	红旗河灌区	

注:列出斗口以上及以下计量设施统计情况,但不重复计入覆盖面积。

2.1.2 管护组织建设

未设计专门的计量设施管护组织,但是在农业水价综合改革过程中,通过建立农业用水者协会,将计量设施管护工作列入协会的日常运行工作中来。截至2020年底,江都区组建了13个镇农民用水者协会,每个镇级农民用水者协会下辖村级用水合作社,共292个。村级用水合作社成立小型农田水利设施管护小组,明确专人专管,负责全村农田水利设施的管护、维修、协调等各项工作,其中包含计量设施,如表2-2所示。

表2-2 江都区管护组织类型统计表

序号	镇名	管护组织数量	管护组织类型 用水合作社数量	备注
全区合计		292	292	
1	仙女镇	39	39	
2	真武镇	19	19	

序号	镇名	管护组织数量	管护组织类型	备注
			用水合作社数量	
3	小纪镇	31	31	
4	邵伯镇	23	23	
5	吴桥镇	16	16	
6	浦头镇	15	15	
7	大桥镇	34	34	
8	郭村镇	24	24	
9	丁沟镇	18	18	
10	丁伙镇	17	17	
11	武坚镇	17	17	
12	宜陵镇	17	17	
13	樊川镇	22	22	

2.1.3 管护资金落实

自江都区开展农业水价综合改革以来,相关部门高度重视,认真组织落实。虽未设立专项的计量设施管护资金,但在农业水价综合改革过程中,将计量设施管护资金纳入精准补贴和节水奖励资金、部分改革资金、农田水利工程设施管护资金中来,用于设施和农田水利工程(灌溉泵站、渠道及渠道配套建筑物等)的维修和管护。通过下达的各镇用水计划及考核办法,重点对工程维修管护状况、年度节约用水量以及协会运行状态进行管护及考核评价,如表2-3所示。

表2-3　江都区农田水利工程设施管护资金统计表

年份	资金拨付文件名称	文号	金额(万元)			备注
			中央	省级	市级	
2017	《关于下达扬州市江都区2017年农田水利设施维修养护项目补助资金计划的通知》	扬江水〔2017〕4号	752	300		
	《关于下达2017年度小型农田水利工程设施管护市级奖补资金的通知》	扬江水〔2017〕40号			50	

年份	资金拨付文件名称	文号	金额(万元)			备注
			中央	省级	市级	
2018	《关于下达扬州市江都区2018年中央农田水利设施维修养护项目补助资金投资计划的通知》	扬江财农〔2018〕101号、扬江水〔2018〕61号	79			
	《关于下达2018年度农田水利工程设施管护市级补助资金的通知》	扬江财农〔2018〕38号			95	
2019	《关于下达2019年度农田水利工程设施管护市级补助资金的通知》	扬江财农〔2019〕235号			95	
	《关于下达2019年省级水利发展资金(农田水利维修养护考核奖补)的通知》	扬江财农〔2019〕20号		80		
2020	《扬州市财政局 扬州市水利局关于下达2020年度第一批省级水利发展资金的通知》	扬财农〔2020〕40号		81		
合计			831	461	240	

2.1.4　管护工作开展

(1)明确小型农田水利设施管护要求并做好计量设施日常维护记录

一是对于小型农田水利设施的管理制度要张贴上墙,机电设备以及附属设施要定期检修,保证设备的完好及运转正常;二是做好附属设施的定期检修及台账记录;三是灌溉前,协会需要对机电设备及其附属设施进行全面检查;四是每次放水时做好计量设施的日常用水记录,同时对计量设施进行检查,发现问题要及时进行维修。

(2)制定小型农田水利设施管护考核办法

具体考核措施如下(以真武镇为例):协会督查人员入村督查时要积极配合,服从协会工作人员的工作指导,配合协会督查人员做好管护人员的月考核,明确各村分会负责人为各村第一责任人,在月度考核中前三名的村分别奖励300元、200元和100元;在月度考核中连续三次考核排名靠后的村(后三名),由镇分管领导对第一责任人进行诫勉谈话。全年按照4个季度的平均得分,评选一等先进单位1个,二等先进单位2个,三等先进单位2个,各奖励1 000元、500元、300元。年底由镇协会工作领导小组给予表彰奖励。因管护较差被通报批评造成负面影响的村,扣除其相应的管护资金,并取消其年终农村环境综合管护评先评优资格。

2.1.5 管护考核情况

根据《江都区小型农田水利设施管护考核办法》，由镇级用水者协会对村级用水合作社，以小型农田水利设施管护考核评分细则，采取打分制，每季度对其进行考核。主要考核内容为：量水设施；设备是否完好、有无人为损坏、运行是否正常。以下为真武镇杨庄村 2019 年第一季度和第二季度考核的打分情况。

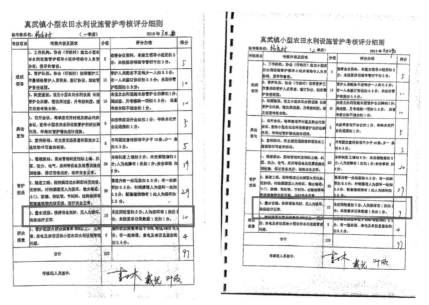

图 2-1 江都区真武镇杨庄村 2019 年第一、二季度计量设施管护考核情况

2.1.6 调研情况总结

（1）计量设施管护工作存在的问题

未对计量设施管护进行专项的资金配置。调研结果显示，计量设施的配备主要来自国家和省级的农业水价综合改革资金，江都区配套的资金也是农业水价综合改革资金，未对计量设施管护专门配备资金，这影响到后期运行维护资金的常态化落实，也会影响计量设施长效管护的目标。

（2）主要建议

配备专项的计量设施管护资金。建议设立计量设施管护专项资金，明确管护资金来源，减少后期管护工作的不确定性，落实专项管护资金，严格资金使用管理，公开资金明细，实现管护资金专款专用。

加大计量设施管护考核结果的比例。江都区将对计量设施管护情况的考核工作纳入对小型农田设施管护的考核工作中,分值只占比 10%。因江都区各镇将考核结果作为奖惩标准,这将影响到后期的管护资金分配,建议将计量设施管护考核结果的分值增加。

2.2 里下河区与盐城渠北区——以淮安市金湖县为例

里下河区与盐城渠北区主要包含淮安、盐城、南通等地,该片区干旱年份水量仍然紧缺,农田灌溉得不到保证,并引发沿海垦区土壤次生盐渍化。里下河腹部地区应着重进行小型机电灌区的标准化建设,提高灌溉设计保证率;同时,结合里下河水系整治、灌区配套改造与圩区治理,积极发展生态型节水农业。沿海垦区要针对干旱年份水量紧缺的特点,加强农、林、牧业结构和作物种植结构调整,严格控制地下水开采,坚持洪涝旱碱兼治,开挖深沟深河,形成网络、平底河道,分级控制,实行梯级河网化;要合理控制沿海挡潮闸,平时关闸蓄淡,涝时开闸排水,提高灌溉水源保证率;要积极开展骨干灌排渠系整治与建筑物配套工程建设,大力发展低压管道输水灌溉工程及其他各类适用的田间节水工程措施。

2.2.1 地区基本情况

金湖县根据省水利厅、省财政厅等部门《关于印发江苏省 2019 年农业水价综合改革工作要点的通知》(苏水农〔2019〕5 号)规定,补齐灌溉用水计量短板,针对泵站计量设施安装率低的现实问题,对全县约 1 600 座农田灌溉终端泵站进行水电转换系数测定,采用"以电折水"计量灌溉用水量,实现金湖县计量全覆盖。经调研,截至 2019 年 12 月底,全县累计完成计量设施布置1 562处,覆盖面积约 53.35 万亩,基本实现有效灌溉区域的全覆盖。相关内容见表 2-4。

表 2-4　金湖县计量设施配备情况汇总表(斗口以下)

序号	镇/街道	计量点数量	计量覆盖范围(亩)	所属灌区	备注
全县合计		1 562	533 532		
1	黎城街道	52	22 358	黎城灌区	
2	戴楼街道	104	64 955	官塘灌区	
3	金南镇	255	53 776	利农河灌区	

序号	镇/街道	计量点数量	计量覆盖范围(亩)	所属灌区	备注
4	银涂镇	314	51 925	淮南圩灌区、振兴圩灌区	
5	塔集镇	413	64 565	淮南圩灌区	
6	吕良镇	118	96 228	洪金灌区	
7	前锋镇	128	79 524	郑家圩灌区、洪湖圩灌区	
8	金北街道	178	100 201	洪金灌区	

注:列出斗口以上及以下计量设施统计情况,但不重复计入覆盖面积。

2.2.2　管护组织建设

金湖县管护组织是在各镇辖行政区范围内成立的农民用水者协会。农民用水者协会成员由水利站、灌区管理所负责人、泵站管理人、村组负责人、控制区农户组成,该结构模式与金湖县现行推进的农民用水者协会模式相一致,仅需调增泵站管理人为成员之一。农民用水者协会领导团队由用水组组长、灌区负责人共同组成,主要职责为供水总量核算、分区用水定额考核、水费核算和汇总上缴、奖罚制度落实等。

基于"以电折水"计量方式的实际情况,农民用水合作组织组建模式也可按照泵站管理的责任方式进行选择性组建。

乡镇管理的泵站农民用水合作组织组建和运行框架如图 2-2 所示。

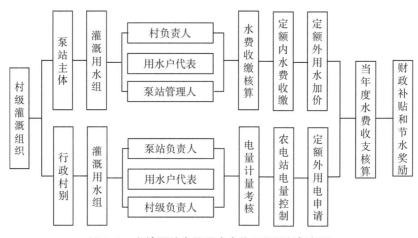

图 2-2　乡镇泵站农民用水合作组织运行框架图

村组管理的泵站农民用水合作组织建设和运行框架如图 2-3 所示。

戴楼街道农民用水者协会建设图如图 2-4 所示。

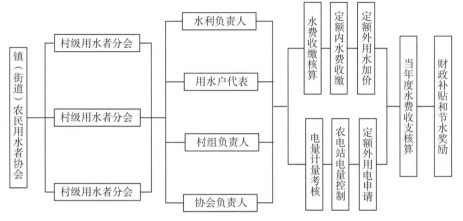

图 2-3　村组泵站农民用水合作组织运行框架图

图 2-4　戴楼街道农民用水者协会建设图

2.2.3　管护资金落实

为加快推进小型农田水利设施产权制度改革,创新运行管护机制,实现小型农田水利可持续发展,依据《金湖县小型水利工程管理体制改革实施办法(试行)》,金湖县从 2015 年 12 月起,连续多年下达小型水利工程长效管护县级以上奖补资金,专项资金通过县财政支农专户下达。下达的奖补资金主要用于小型水利工程管理中的人员工资、材料设备、维护保养、河道清障、工程用具以及工程管理的工作经费等。各镇要按照《金湖县小型水利工程管理体制改革实施办法(试行)》,健全管理组织、明确管护主体、落实管护经费、加强考核、严格兑付管护经费,进一步巩固小型水利工程管理体制的改革成果。表 2-5 为金湖县管护资金统计表。

表 2-5　金湖县管护资金统计表

年份	资金拨付文件名称	金额（万元）						备注
		中央	省级	市级	县级	镇级	村级	
2016	《关于下达金湖县 2016 年上（下）半年水利工程管理体制改革管护奖补资金的通知》	260	150		48.81	196.6	327.7	
	《关于下达金湖县 2016 年上（下）半年农村河道长效管护奖补资金的通知》		55.39		60.00			
2017	《关于下达金湖县 2017 年上（下）半年水利工程管理体制改革管护奖补资金的通知》		205		253.81	196.6	327.7	
	《关于下达金湖县 2017 年上（下）半年农村河道长效管护奖补资金的通知》		114.61	15.43				
2018	《关于下达金湖县 2018 年上（下）半年水利工程管护奖补资金的通知》	122	50		260.42	196.6	327.7	
	《关于下达金湖县 2018 年上（下）半年农村河道长效管护资金的通知》		87.4509	22.63				
	《关于下达金湖县 2018 年度下半年农村河道长效管护第二批补助经费的通知》		11.5					
2019	《关于下达 2019 年水利工程管护补助资金的通知》	384	37			196.6	327.7	
	《关于下达 2019 年农村河道长效管护补助资金的通知》		105.5					
	《关于下达金湖县 2019 年度农村河道长效管护及小型水利工程管护第二批奖补资金的通知》		39.5					
2020						196.6	327.7	
合计		766	855.9509	38.06	623.04	983	1 638.5	

2.2.4　管护工作开展

金湖县下属各镇（街道）成立计量设施运行管护工作小组，负责开展本辖区内计量设施管护工作。

（1）汇总计量设施建设情况

各镇（街道）对辖区内计量设施进行汇总，掌握本镇（街道）计量设施建设情况。各镇（街道）上报的数据显示，截至 2019 年 12 月底，全县累计完成计量设施布置 1 562 处，覆盖面积约 53.35 万亩，基本覆盖全部有效灌溉区域。

（2）检查计量标识牌

各镇（街道）小组对辖区内各泵站"以电折水"计量标识牌进行检查，保证计量设施参数正确、清晰。

图 2-5 吕良镇陈庄村计量标识牌

（3）核查日常用水台账

各镇（街道）小组对辖区内各泵站计量点日常用水台账进行核查，确保计量设施正常运行。

图 2-6 塔集镇双庙村灌溉站计量点日常用水台账

2.2.5 管护考核情况

1）金湖县农业水价综合改革工作考核

据省水利厅、财政厅、农业农村厅、发展改革委四部门的工作要求，对照《江苏省农业水价综合改革工作验收办法》（苏水农〔2019〕27 号）、《江苏省农业水价综合改革工作验收指南》等文件的规定，金湖县在全面落实农业水价综合改革各项工作的基础上，严格按照上级的统一部署，完成了县级自验工作，有关计量设施情况如下：

（1）出台管护办法

为加强农田水利工程管护，出台了《金湖县小型水利工程长效管护细则》，切实加强工程管护考核，结合五位一体考核机制加强监督检查，定期下发督查通报。（本项目考核分为3分，自评分为3分）

（2）落实管护资金

2017—2020年共落实管护资金1 312万元，所有资金按照相关要求规范使用并按时拨付到位。（本项目考核分为4分，自评分为4分）

（3）明确管护责任

金湖县印发了《金湖县小型水利工程运行管理考核办法》（金水管发〔2015〕1号），各镇（街道）成立小型水利工程管理工作领导小组，建立以水利站、农民用水者协会为主体的多元化管护组织，定期进行督查考核，考核结果与管护资金兑付挂钩。（本项目考核分为4分，自评分为4分）

（4）完善供水计量设施

灌溉用水实现"精准计量"，决定农业水价综合改革的"精准施策"和"精细管理"。早在2017年试点初期，金湖县针对仪表计量泵管要求高、计量误差大、农户不认同、电子产品寿命短、后期维护费难落实等实际问题，在深入调研论证的基础上，与技术支撑单位共同研发了平原河网地区灌溉泵站"以电折水"计量方法。由于该方法具有投资少、操作简便、农户认同、无后期运行维护费等优点，被写入国家发展改革委、水利部等部门联合印发的文件中，并在江苏、上海、海南等省市得到推广应用，金湖县农业水价综合改革应改有效灌溉面积约53.35万亩，采取"以电折水"计量方式对全县范围内1 600座泵站进行"以电折水"率定，安装计量牌1 600套，达到全县有效灌溉面积计量设施全覆盖。（本项目考核分为5分，自评分为5分）

（5）强化考核督导

县农业水价综合改革领导小组专门成立工作机构，具体负责全县农业水价综合改革工作考核督导。印发《金湖县农业水价综合改革激励机制试行办法》（金水改办〔2018〕2号），及时深入改革区域开展工作检查，并定期发布工作督查通报，有力有效推动具体工作落细落实。（本项目考核分为4分，自评分为3分）

上述五项的自评得分显示，金湖县农业水利工程管护情况为满分，工程管护资金到位,责任明确;供水计量设施建设情况为满分,达到全县有效灌溉面积计量设施全覆盖;考核督导情况扣一分,镇级备验进度较慢,8 个镇(街道)均未完成镇级自验。根据考核结果综合分析可得,金湖县计量设施管护情况良好,管护水平较高,但查验能力不足,须进一步强化考核。

2)金湖县小型农田水利工程运行管理考核

金湖县小型农田水利工程管护情况由农民用水者协会制定考核机制,进行考核,并对存在问题的镇(街道)进行扣分。考核机制如下:

(1)协会辖区内的灌溉工程遭到人为破坏,均应视其情节轻重由执行委员会做出限期修复、赔偿损失、罚款、减少供水、停止供水等处理。

(2)斗渠上的桥、涵、护坡等遭到人为破坏,肇事者应在 10 日内进行修复。

(3)农渠首遭到人为损坏,肇事者应在 3 日内修复,拒绝修复者处以500~2 000 元罚款,由协会收取并组织修复。

(4)凡在渠道上任意扒口、拦水者均按偷水行为论处。每次罚款 100~500 元,并按实际水方追补水费。

(5)凡发生争、抢水事件的,在用水组范围内的由用水者代表处理;在用水组之间的由协会处理;发生打骂事件的,报镇政府处理;造成经济损失或人员伤亡的交司法部门处理。

(6)会员不得拖欠水费,拖欠者必须按月缴纳 1%的滞纳金,并限期缴清。在缴清水费之前,协会对其停止供水。

(7)由协会通过的兴办或维修灌溉工程的集资分摊费用,每一个受益会员都必须足额缴纳,对拒不缴纳者,协会将对其限制供水,直到停止供水。

(8)本协会与其他组织之间的水事纠纷,由上级主管部门协调处理。

(9)协会每年年终召开用水者代表大会,对灌溉工程管理、水费收缴成绩突出的用水组和用水者给予表彰和奖励。

(10)本协会对爱护工程、缴纳水费、集资办水利等成绩突出的会员,随时进行表彰和奖励。

2.2.6 调研情况总结

1)管护过程中存在的问题

(1)管护意识的限制

调研发现,金湖县水务局未对计量设施管护工作提出明确要求,导致各镇(街道)管理部门管护意识不强;计量设施建设结束后,各部门未对后期的管护工作做出统筹安排。

(2)工作开展的限制

设施建设单位在建设完成后未进行后期维护,管理部门项目较多,无法单独对计量设施安排管护工作,仅完成了对计量点台账的核查工作,其余管护工作难以进行。技术工作通常由设施建设单位承担,管理部门无法进行计量设施专业技术的检测,不能及时核对与整改出现的技术错误,影响水价改革的实施。

(3)管理条件的限制

从近两年实际计量效果分析,由于泵站运行条件等因素的限制,部分计量点存在计量误差大等不足,且存在后期维修任务重、农户不认同、人为破坏和耕种损坏等实际问题。

(4)维护经费的限制

仪表型、设施型计量设施的安装经费绝大部分来自近两年国家和省农业水价综合改革专项资金,县级财政很少安排专项配套资金。从近几年"小农水"管护资金的来源和使用方向分析,也很难安排用于计量设施的专项投资。因此,计量设施后期运行维护资金的落实存在较大的不确定性,计量设施长效管理很难落实到位。

(5)电子产品使用年限的限制

计量设施大多为电子产品,姑且不考虑电子型计量设施的更新换代,仅从使用年限分析,正常使用环境下的有效寿命周期为 6~8 年,部分仪表在恶劣环境影响下(高温失磁、污染物积累等),有效寿命周期仅为 3~4 年,难以实现长效运行的管理目标。

(6)考核能力的限制

在金湖县农业水价综合改革自验工作中,由于镇级备验进度较慢,8 个镇(街道)均未完成镇级自验,导致"强化考核督导"部分出现扣分。各镇(街道)自验能力差,缺乏对计量设施管护工作的考核。

2)主要建议

(1)提高管护意识

金湖县水务局需增强计量管护意识,及时传达计量设施管护工作的重要意义,敦促管护工作长效开展。

(2)明确管护资金

开设计量设施管护专项资金,明确资金来源,减少管护工作的不确定性,落实管护资金,公开资金明细,实现管护资金专款专用。

（3）落实管护工作

明确管护主体,划分管护工作,落实工作内容。将技术工作与管理工作进行明确分工,由技术服务公司专门负责技术维护管理工作,其余工作交由各站点管理人员负责,责任到人。

（4）加强监督考核

金湖县各镇级管理部门对计量设施管护工作进行及时考核,技术工作要求生成技术报告,运行管理情况可进行实地考察,通过对上一季度管护工作的考核得分来划分下一阶段的管护资金,以保证管护质量。

2.3　通南沿江高沙土区——以泰州市泰兴市为例

通南沿江高沙土区土壤沙性较大,水土流失较为严重,引水河道容易造成淤积,干旱年份灌溉用水得不到保证。因此,应全面推广管道灌溉技术,在加大内部河道整治、河道疏浚力度的同时,采用生物措施与工程措施相结合的方法,加强河、岸、坡、堤的综合整治,实施水土保持建设,建立"乔、灌、草立体配置,网、带、片有机结合"的高效生态防护体系,提高河网水系的供水输水能力,保障灌溉引水要求。

2.3.1　地区基本情况

泰兴市下辖 17 个乡、镇、街道,共有灌溉泵站 4 566 座,根据农业用水计量设施有关要求,实施了泰兴市农业水价综合改革灌溉用水水量计时器采购安装项目,在全市 8 寸及以上泵站共计安装水量计时器 3 241 台套;同时结合城黄灌区信息化项目,在如泰运河、古马干河、天星港等三条主要骨干引水干渠安装明渠流量计 3 台套,在城黄灌区范围内部分泵站配套安装电磁流量仪 570 台套;其他泵站多以 6 寸及以下泵站为主,因工程条件等客观限制,仍采用"以电折水"的计量方式进行计量。全市计量方式符合农业水价综合改革的要求,委托技术支撑单位进行农田灌溉泵站流量率定,形成了《泰兴市农用灌溉供水泵站率定报告》。目前,全市农业用水计量率达 100%。表 2-6 为泰兴市计量设施统计表。

表 2-6　泰兴市计量设施统计表(斗口以下)

序号	镇/街道	计量点数量	计量覆盖范围(亩)	所属灌区	备注
全市合计		4 489	817 703.56		
1	济川街道	305	32 784	城黄灌区	
2	黄桥镇	499	128 691	黄桥灌区;城黄灌区;其他	
3	珊瑚镇	170	41 315.52	黄桥灌区	
4	广陵镇	283	44 256	黄桥灌区	
5	古溪镇	324	57 592.73	黄桥灌区	
6	元竹镇	127	35 227	黄桥灌区	
7	张桥镇	305	47 495	城黄灌区;其他	
8	曲霞镇	225	30 828		
9	新街镇	205	54 632		
10	姚王街道	166	33 179	城黄灌区	
11	宣堡镇	86	30 458.84		
12	虹桥镇	807	65 554.91		
13	滨江镇	315	56 932	城黄灌区;其他	
14	河失镇	240	48 164	城黄灌区;其他	
15	分界镇	211	61 497.56	黄桥灌区	
16	根思乡	221	49 096	城黄灌区	

2.3.2　管护组织建设

　　泰兴市积极引导和鼓励农民用水合作组织的建立和发展,以乡镇行政区域为单位,注册成立农民用水者协会,按照"政府引导、农民自愿、依法登记、规范运作"的原则,全市已注册成立农民用水者协会 17 家。其中,大型灌区城黄灌区由工程管理所和所涉乡镇(街道)联合发起,注册成立了泰兴市城黄灌区农民用水者协会;同时,按乡镇行政管辖范围成立镇级农民用水者协会 16 家;同时已成立的各镇级农民用水者协会授权所辖各涉农村(居)设立农民用水者分会 309 家。目前已注册成立的农民用水者协会管理灌溉面积达 81.77 万亩,占全市农业水价综合改革应改面积的 100%。各协会(分会)服从上级协会管理,市财政统筹上级有关补助资金给予适当的资金奖励和补助,扶持其逐步成为农田水利工程运行和管护的主体,发挥其在工程维护、用水管理、水费计收等方面的作用。表 2-7 为泰兴市管护组织类型统计表。

表 2-7　泰兴市管护组织类型统计表

序号	镇名	管护组织数量	管护面积（万亩）	管护组织类型		备注
				用水者协会	村分会	
合计		325	81.77	16	309	
1	济川镇	21	3.28	1	20	
2	黄桥镇	56	12.87	1	55	
3	珊瑚镇	14	4.13	1	13	
4	广陵镇	18	4.43	1	17	
5	古溪镇	15	5.76	1	14	
6	元竹镇	13	3.52	1	12	
7	张桥镇	19	4.75	1	18	
8	曲霞镇	10	3.08	1	9	
9	新街镇	29	5.46	1	28	
10	姚王街道	19	3.32	1	18	
11	宣堡镇	13	3.05	1	12	
12	虹桥镇	25	6.56	1	24	
13	滨江镇	27	5.69	1	26	
14	河失镇	20	4.82	1	19	
15	分界镇	15	6.15	1	14	
16	根思乡	11	4.91	1	10	

注:类型是指农民用水合作社、农民用水者协会、灌区管理单位、农村集体经济组织、专业化管护公司、家庭农场等新型经营主体。

2.3.3　管护资金落实

泰兴市自开展农业水价综合改革以来,相关部门高度重视并认真组织落实。按照市级下发的精准补贴和节水奖励文件要求,自 2017 年以来,市级共投入 794 万元用于农业水价综合改革节水奖励及精准补贴。其奖补资金主要用于农田水利工程维修与管护(灌溉泵站、渠道及渠道配套建筑物等)。相关内容见表 2.3-3。

2.3.4　管护工作开展

(1) 明确管护内容。因计量设施安装在电灌站或泵房内其他地方,泰兴市未对计量设施管护工作进行专门的制度规定,但是对电灌站安全生产制定

了规定,在此规定中,涉及关于计量设施的管护内容,相关内容具体如下:

表 2-8 泰兴市精准补贴和节水奖励资金下达情况统计表

| 年度 | 资金下达 | | 金额(万元) | 精准补贴(万元) | 节水奖励(万元) |
	文件名称	文号			
2016	《关于泰兴市 2016 年农田水利设施维修养护省级补助资金项目实施方案的批复》	泰政水复〔2018〕5 号	56		
2017	《关于泰兴市 2017 年农田水利设施维修养护中央补助资金项目实施方案的批复》	泰政水复〔2018〕11 号	165	0.5	0.5
2018	《关于泰兴市 2018 年度省级以上维修养护资金及农业水价改革资金实施方案的批复》	泰政水复〔2019〕2 号	339	195	64
2019	《关于泰兴市 2019 年省级以上农业水价综合改革补助资金项目实施方案及市政府批示关于下达 2019 年省级以上农业水价综合改革补助资金项目实施计划的通知》	泰水〔2020〕51 号 泰水〔2020〕71 号	481	326	30
2020			178	130	48
合计			1 219	651.5	142.5

一是安全为了生产,也是降低农灌成本的有效途径,因此,凡投产电灌,在运转前须经过检验,并检查其门窗、拍门、拦污棚、电器接地、皮带防护、计量设备等是否符合要求,缺一不得开机;二是室内门窗、地面、配电设备、电机、水泵、计量设备等应保持整洁;三是在夜间停机时,值班人员要做好安全工作,应关闭门窗;四是停机时应进行全部设备的检查和保养工作;五是做好台账记录。

(2)做好台账记录。按照管护工作内容,做好计量设施维护的台账记录,在台账记录中要明确维修内容、维修时间、维修结果,此外,还要做好计量设施的水量记录。

(3)制定考核办法。泰兴市计量设施管护考核未制定专门的办法,其管护考核工作是划分到小型水利设施管护考核中的。考核项目为工程管护,考核内容为小型灌排泵站。

2.3.5 管护考核情况

根据《小型水利设施管护考核办法》,考核采取打分制,满分为 100 分,每月进行考核。其中，台账资料为 10 分、工程管护为 85 分、档案管理为 5 分，涉及计量设施管护考核的分值为 12 分，具体考核内容为：电机、水泵及配套设备清洁且运行无异常（共 8 分，发现一处不清洁扣 1 分，出现 1 次安全问题不得分）；定期做好养护、维修，确保设备完好，能正常使用（共 4 分，未定期养护不得分）。图 2-7 为分界镇 2019 年 2 月、3 月小型水利设施管护月度考核结果。

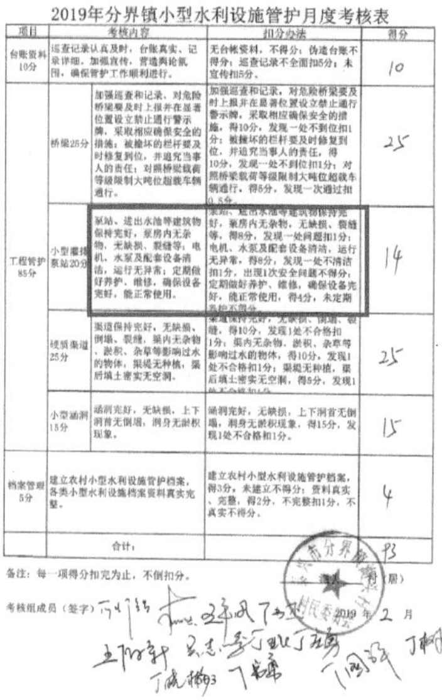
2019年分界镇小型水利设施管护月度考核表

项目		考核内容	扣分办法	得分
台账资料10分		巡查记录认真及时，台账真实、记录详细。加强宣传，营造舆论氛围，确保管护工作顺利进行。	无台帐资料，不得分；伪造台账不得分；巡查记录不全面扣5分；未宣传扣5分。	10
工程管护85分	桥梁25分	加强巡查和记录，对危险桥梁要及时上报并在显著位置设立禁止通行警示牌，采取相应确保安全的措施；被撞坏的栏杆要及时修复到位，并追究当事人的责任；对照桥梁载荷等级限制大吨位超载车辆通行。	加强巡查和记录，对危险桥梁要及时上报并在显著位置设立禁止通行警示牌，采取相应确保安全的措施，得10分，发现一处不到位扣1分；被撞坏的栏杆要及时修复到位，并追究当事人的责任，得10分，发现一处不到位扣1分；对照桥梁载荷等级限制大吨位超载车辆通行，得5分，发现一次通过扣0.5分。	25
	小型灌排泵站20分	泵站、进出水池等建筑物保持完好，泵房内无杂物，无缺损、裂缝等；电机、水泵及配套设备清洁，运行无异常；定期做好养护、维修，确保设备完好，能正常使用。	泵站、进出水池等建筑物保持完好，泵房内无杂物，无缺损、裂缝等，得8分，发现一处问题扣1分；电机、水泵及配套设备清洁，运行无异常，得8分，发现一处不清洁扣1分，出现1次安全问题不得分；定期做好养护、维修，确保设备完好，能正常使用，得4分，未定期养护不得分。	14
	硬质渠道25分	渠道保持完好，无缺损、倒塌、裂缝，渠内无杂物、淤积、杂草等影响过水的物体，渠堤无种植，渠后填土密实无空洞。	渠道保持完好，无缺损、倒塌、裂缝，得10分，发现1处不合格扣1分；渠内无杂物、淤积、杂草等影响过水的物体，得10分，发现1处不合格扣1分；渠堤无种植，渠后填土密实无空洞，得5分，发现1处不合格扣1分。	25
	小型涵洞15分	涵洞完好，无缺损，上下洞首无倒塌，洞身无淤积现象。	涵洞完好，无缺损，上下洞首无倒塌，洞身无淤积现象，得15分，发现1处不合格扣1分。	15
档案管理5分		建立农村小型水利设施管护档案，各类小型水利设施档案资料真实完整。	建立农村小型水利设施管护档案，得3分，未建立不得分；资料真实、完整，得2分，不完整扣1分，不真实不得分。	4
		合计：		93

备注：每一项得分扣完为止，不倒扣分。

村（居）

考核组成员（签字）　　2019 年 2 月

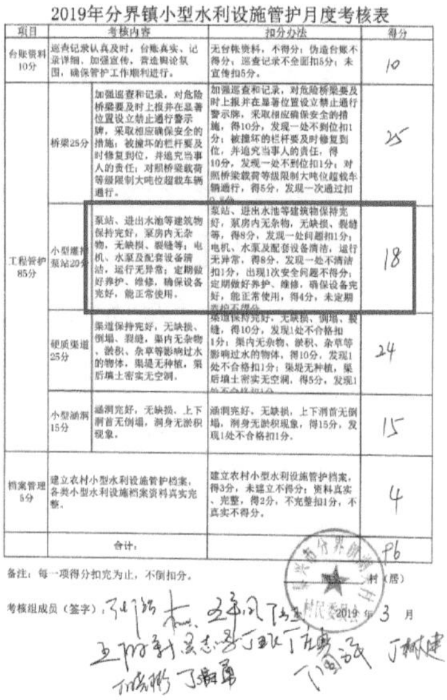
2019年分界镇小型水利设施管护月度考核表

项目		考核内容	扣分办法	得分
台账资料10分		巡查记录认真及时，台账真实、记录详细。加强宣传，营造舆论氛围，确保管护工作顺利进行。	无台帐资料，不得分；伪造台账不得分；巡查记录不全面扣5分；未宣传扣5分。	10
工程管护85分	桥梁25分	加强巡查和记录，对危险桥梁要及时上报并在显著位置设立禁止通行警示牌，采取相应确保安全的措施；被撞坏的栏杆要及时修复到位，并追究当事人的责任；对照桥梁载荷等级限制大吨位超载车辆通行。	加强巡查和记录，对危险桥梁要及时上报并在显著位置设立禁止通行警示牌，采取相应确保安全的措施，得10分，发现一处不到位扣1分；被撞坏的栏杆要及时修复到位，并追究当事人的责任，得10分，发现一处不到位扣1分；对照桥梁载荷等级限制大吨位超载车辆通行，得5分，发现一次通过扣0.5分。	25
	小型灌排泵站20分	泵站、进出水池等建筑物保持完好，泵房内无杂物，无缺损、裂缝等；电机、水泵及配套设备清洁，运行无异常；定期做好养护、维修，确保设备完好，能正常使用。	泵站、进出水池等建筑物保持完好，泵房内无杂物，无缺损、裂缝等，得8分，发现一处问题扣1分；电机、水泵及配套设备清洁，运行无异常，得8分，发现一处不清洁扣1分，出现1次安全问题不得分；定期做好养护、维修，确保设备完好，能正常使用，得4分，未定期养护不得分。	18
	硬质渠道25分	渠道保持完好，无缺损、倒塌、裂缝，渠内无杂物、淤积、杂草等影响过水的物体，渠堤无种植，渠后填土密实无空洞。	渠道保持完好，无缺损、倒塌、裂缝，得10分，发现1处不合格扣1分；渠内无杂物、淤积、杂草等影响过水的物体，得10分，发现1处不合格扣1分；渠堤无种植，渠后填土密实无空洞，得5分，发现1处不合格扣1分。	24
	小型涵洞15分	涵洞完好，无缺损，上下洞首无倒塌，洞身无淤积现象。	涵洞完好，无缺损，上下洞首无倒塌，洞身无淤积现象，得15分，发现1处不合格扣1分。	15
档案管理5分		建立农村小型水利设施管护档案，各类小型水利设施档案资料真实完整。	建立农村小型水利设施管护档案，得3分，未建立不得分；资料真实、完整，得2分，不完整扣1分，不真实不得分。	4
		合计：		96

备注：每一项得分扣完为止，不倒扣分。

村（居）

考核组成员（签字）　　2019 年 3 月

图 2-7　分界镇 2019 年 2 月、3 月小型水利设施管护月度考核结果

2.3.6　调研情况总结

（1）计量设施管护工作存在的问题

未对计量设施管护设置专项管护制度。调研结果显示，计量设施的管护内容只在电灌站安全生产制度中提及部分，这对计量设施的长效管护工作是不够的。

未设置计量设施专项管护资金。泰兴市共有计量设施 4 489 处，包含水量计时器 3 916 台套、电磁流量仪 570 台套、明渠流量计 3 台套，计量设施量大，调研结果显示，计时器、电磁流量仪、明渠流量计的购置费用较高，因此，为了保证计量设施的长久使用，其维修管护工作很重要，安排专项的管护资金很有必要。

（2）主要建议

建立专项管护制度。泰兴市对电灌站建立了安全生产制度、值班制度、维修保养制度等工程管护制度，但是未对计量设施管护制定专项的管护制度，建议根据计量设施管护工作实际，制定专项制度，保障计量设施的长效使用。

配备专项的计量设施管护资金。建议设立专项计量设施管护资金，明确管护资金来源，减少后期管护工作的不确定性，为计量设施长效运行提供保障。

2.4　苏南平原区与圩区——以苏州市昆山市为例

苏南平原区与圩区降雨较多，水资源相对比较丰富，但季节性干旱和水质性缺水常对农业生产构成严重威胁。该区灌溉以诸多小型灌区为发展重点，要积极实施以减轻水体面源污染、加快农村水利现代化进程为目标的田间节水改造，大力推广低压管灌或管渠结合的灌溉模式，提高灌溉用水效率。城郊高效经济作物种植区、蔬菜基地，可与农业现代化园区相结合，以经济效益为导向，鼓励企业参与规模化节水灌溉工程建设，推广高效节水灌溉措施。

2.4.1　地区基本情况

2019年，昆山市加快农业供水计量体系建设，新建、改扩建工程做到量水设施与主体工程同步设计、同时施工、同期发挥效益；对于尚未布设计量设施的已建农田灌溉工程，结合农田水利相关建设项目积极落实经费，加快推进农业灌溉计量设施逐步布置到位。在明确灌溉分片范围、供水计量点选择、计量设施选型、配置数量和投资估算等工作的基础上，在田间主要水利工程的出水口布置了计量设施。至2019年12月底，昆山市累计完成计量设施布置486处，其中，电磁/超声波流量计33处、"以电折水"453处，实现了改革范围内计量设施全覆盖，满足计量供水和计量收费的需求。

表2-9　昆山市计量设施统计表（斗口以下）

序号	区/镇	计量设施（处）		计量设施覆盖面积（万亩）
		流量计	以电折水	
1	巴城镇	11		0.75
2	淀山湖镇	（13）	59	0.72
3	锦溪镇		113	1.74

序号	区/镇	计量设施(处)		计量设施覆盖面积(万亩)
		流量计	以电折水	
4	高新区	11	13	0.76
5	陆家镇		11	1.26
6	千灯镇	6	27	1.18
7	张浦镇		74	1.39
8	周市镇		40	1.49
9	花桥经济开发区		13	0.40
10	经济技术开发区	2	53	0.49
11	周庄镇	3	50	0.77
合计		33(46)	453	10.95

注:淀山湖镇安装流量计 13 处,但尚未启用,仍采用以电折水方式。

2.4.2 管护组织建设

(1)小型农田水利工程管护主体

昆山市成立多元化管护组织,制定管护制度、明确管护主体、签订管护协议、进行管护考核,出台了《昆山市小型农田水利工程运行管理考核办法(试行)》(昆水〔2015〕79 号),对管护人员及设施进行考核,并通过将考核结果与奖金及管护资金挂钩的方式,加强工程管护考核结果的运用;实现管护组织全覆盖;用水者协会组织运行规范,工程管护、用水管理、水费计收等作用发挥良好;管护协议、管护考核等台账齐全。

(2)计量设施管护主体

苏州市姑苏工程造价事务所有限责任公司受昆山市各水利(水务)站的委托,为采购计量设施进行了开标、评标和定标,确定滢升自动化科技(上海)有限公司为中标单位。其内容如下:

在计量设施建设完成后两年内,如系统发生故障,由滢升自动化科技(上海)有限公司派专业技术人员进行维修。

在计量设施建设完成后两年后,如系统发生故障,由滢升自动化科技(上海)有限公司与昆山市各水利(水务)站另签订技术维护协议,应对系统提供优惠的有偿技术维护。

昆山市水利局每年对各站已安装的计量设施进行管护考核,确定考核等级。

2.4.3 管护资金落实

农田水利工程管护已全面纳入苏州市农村公共服务运行维护机制建设中,各区、镇共落实管护资金 3 200 万元(表 2-10),工程管护资金按时拨付到位,保障农田水利工程设施运行良好。

表 2-10　昆山市 2018—2020 年管护资金使用情况汇总表　　单位:万元

序号	区/镇	2018 年	2019 年	2020 年	合计落实管护资金
1	周庄镇	60	60	42	162
2	陆家镇	36	36	25	97
3	淀山湖镇	100	100	69	269
4	经济技术开发区	94	80	56	230
5	花桥经济开发区	55	60	42	157
6	周市镇	124	120	83	327
7	锦溪镇	130	126	88	344
8	巴城镇	184	184	128	496
9	张浦镇	150	152	106	408
10	千灯镇	109	108	75	292
11	高新区	128	124	86	338
年度综合奖补		30	50	0	80
合计		1 200	1 200	800	3 200

2.4.4 管护工作开展

1)管护要求

(1)为确保流量计计量设备的稳定性及准确性,根据维修保护要求,每年 2 次定期对现场农业水价改革流量计进行维修和维护保养。

(2)主要对仪表运行状态、仪表参数设置、仪表数据、信号值、水表电池电量、零点进行维修和维护保养,保证流量计计量设备的长期稳定运行。

(3)对于仪表使用的整体排查,主要是排查线路是否因为使用时间长了而出现老化,存在安全隐患;仪表接线是否有松动。

(4)对于仪表的清理,主要是仪表箱内的清理、仪表管段的查看以及清理。

(5)查看耦合剂是否需要更换,如果需要应立即更换,避免后续用水仪表因信号差而导致计量不精准。

2）具体内容及方法

计量设施管护具体项目、内容及处理方法详见表2-11。

表 2-11　计量设施维护保养内容

序号	维保项目	具体内容	维保处理方法
1	查看仪表运行状态、仪表数据	查看仪表是否正常运行,做数据分析,根据数据判断用水量是否正常	找出原因,进行维修,根据数据及时向农业水价改革部门领导报告使用情况
2	检查信号值	根据信号值,判断流量计的使用状态是否正常	如信号值弱,则清洗传感器或查找线路原因,及时维修
3	查看参数设置	查看参数设置有无改动,保证流量计正常运行和准确计量	如有改动应及时上报水农业水价改革部门领导,说明情况并重新率定,恢复正常
4	查看仪表电池电量	电池电量直接影响仪表数据是否上传	及时更换,并向农业水价改革部门领导汇报
5	检查通信设备	查看通信设备是否正常,确保数据正常远传	及时查找原因,维修故障,确保通信正常
6	仪表安装位置有无改动	检查是否因农户在种植或灌溉时不小心碰到传感器,造成计量不精确	及时向农业水价改革部门领导汇报,恢复正确安装
7	有无漏水现象	检查是否因螺丝松动而造成漏水现象	紧固螺丝,定位传感器
8	检查零点	零点有误差,流量误差就会偏大	修正零点,做静态置零
9	检查线路	检查信号线是否有松动或脱落现象,以免影响测量;检查电源线是否有老化或松动现象,以免造成无法计量或产生安全隐患	及时查找原因,维修故障,确保正常,并向农业水价改革部门领导汇报

3）工作过程

（1）2019 年维护保养点位基本信息

为保障计量设施正常运行,2019 年,昆山市水利局委托滢升自动化科技（上海）有限公司前往各灌区站点,对已有计量设施进行检查与维护。维护保养点位基本信息见表2-12。

表 2-12　2019 年维护保养点位基本信息表

序号	地理位置	灌区名称	流量计名称	口径	数量	瞬时流量（m³/h）	累积流量（m³）	面积（亩）	备注
1	淀山湖镇永新村	牛爬沙机埠	插入式超声波流量计	DN500	1	1 942	898 038	573	工作正常
2		新开泾机埠	插入式超声波流量计	DN350	1	1 296	138 808	111	工作正常
3		彭安泾机埠	插入式超声波流量计	DN350	1	0	156 960	118	无法开泵
4	淀山湖镇金家庄灌区	石头浜站机埠	电磁流量计	DN350	1	1 157	617 034	238	工作正常
5		新兴分站机埠	电磁流量计	DN350	2	1 193	510 915	355	工作正常
						1 137	518 724		工作正常
6	淀山湖镇晟泰村	沈安西站机埠	电磁流量计	DN500	1	1 420	311 035	239	工作正常
7		沈安站机埠	明渠流量计	—	1	1 262	817 927	450	工作正常
8	淀山湖镇民和村	官里东机埠	超声波流量计	DN350	1	0	505 814	223	工作正常
9	淀山湖镇红星村	外泾站机埠	电磁流量计	DN500	1	1 568	807 400	673	工作正常
10		红亮电排灌区	电磁流量计	DN500	1	1 886	319 785	89	工作正常
11	淀山湖镇永新村	丰产方站机埠	明渠流量计	—	1	1 449	813 658	380	工作正常
12		永安站机埠	电磁流量计	DN500	1	2 503	1 149 067	425	工作正常
13	高新区白渔潭生态农业园	李岸泾电灌站	电磁流量计	DN350	1	1 056	544 398	400	工作正常
14		下央东电灌站	电磁流量计	DN350	1	1 113	417 887	290	工作正常
15		下央西电灌站	电磁流量计	DN350	1	941	296 193	226	工作正常
16		曹潭电灌站	电磁流量计	DN350	1	1 148	207 858	235	工作正常
17		迎风南电灌站	电磁流量计	DN500	1	1 473	958 679	643	工作正常
18		迎风北电灌站	电磁流量计	DN350	1	954	380 407	449	工作正常
19		群星电灌站	电磁流量计	DN350	1	1 115	364 999	480	工作正常
20		群南电灌站	电磁流量计	DN500	1	1 628	562 838	600	工作正常
21		生田电灌站	电磁流量计	DN350	1	1 139	370 260	340	工作正常
22		新华北电灌站	电磁流量计	DN500	1	1 767	304 830	350	工作正常
23		周家塸电灌站	电磁流量计	DN350	1	0	465 057	250	工作正常

序号	地理位置	灌区名称	流量计名称	口径	数量	瞬时流量（m³/h）	累积流量（m³）	面积（亩）	备注
24	千灯镇	光荣电灌站	插入式超声波流量计	DN350	1	1 477	626 646	731	工作正常
25		镇南电灌站	明渠流量计	—	1	1 032	431 812		工作正常
26		陆桥电灌站	明渠流量计	—	1	2 052	31 688	200	工作正常
27		前进电灌站	明渠流量计	—	1	2 071	853 797	380	工作正常
28		北吊市电灌站	超声波流量计	DN350	1	—	134 581	280	工作正常
29		陶星电灌站	插入式超声波流量计	DN350	2	2 292	279 622	220	工作正常
				DN350	—	2 302	625	—	工作正常
30	巴城镇高效粮油基地	高效农业1号站	电磁流量计	DN350	1	1 225	380 351	240	工作正常
31		高效农业2号站	电磁流量计	DN500	1	2 072	708 470	500	工作正常
32		高效农业2号站（辅）	超声波水表	DN250	1	—	126 581	110	工作正常
33		高效农业3号站	电磁流量计	DN500	1	2 064	413 468	250	工作正常
34		高效农业4号站	电磁流量计	DN500	1	2 071	600 615	500	工作正常
35		高效农业5号站	电磁流量计	DN500	1	1 844	634 443	227	工作正常
36		高效农业6号站	电磁流量计	DN500	1	1 895	824 703	530	工作正常
37		高效农业7号站	电磁流量计	DN500	1	1 793	443 801	240	工作正常
38		高效农业8号站	电磁流量计	DN500	1	1 982	337 863	204	工作正常
39	巴城镇环湖村	雉新电灌站	插入式超声波流量计	DN350	2	937	86 278	70	工作正常
				DN350	—	910	8 366	—	工作正常

（2）2020 年维护保养点位基本信息

2020 年，昆山市水利局再次委托滢升自动化科技（上海）有限公司前往各灌区站点，对已有计量设施进行检查与维护。维护保养点位基本信息及基本情况见表 2-13 和表 2-14。

表 2-13　2020 年维护保养点位基本信息表

序号	地理位置	灌区名称	流量计名称	口径(mm)	数量	瞬时流量(m³/h)	累积流量(m³)	面积(亩)	备注
1	淀山湖镇永新村	牛爬沙机埠	超声波流量计	500	1	1 942	963 048	573	工作正常
2		新开泾机埠	超声波流量计	350	1	1 165	246 719	111	工作正常
3		彭安泾机埠	超声波流量计	350	1	—	273 091	118	工作正常
4	淀山湖镇金家庄灌区	石头浜站机埠	电磁流量计	350	1	1 126.3	1 038 943.9	238	工作正常
5		新兴分站机埠	电磁流量计	350	2	111 776.3	932 587	355	工作正常
						1 182.8	933 533.4		工作正常
6	淀山湖镇晟泰村	沈安西站机埠	电磁流量计	500	1	1 320	565 108.2	239	工作正常
7		沈安站机埠	明渠流量计	—	1	1 262	1 315 819	450	工作正常
8	淀山湖镇民和村	官里东机埠	超声波流量计	350	1	928.34	780 994	223	工作正常
9	淀山湖镇红星村	外泾站机埠	电磁流量计	500	1	1 468	0	673	工作正常
10		红亮电排灌区	电磁流量计	500	1	2 080	599 083	89	工作正常
11	淀山湖镇永新村	丰产方站机埠	明渠流量计	—	1	1 346	2 627 575	380	工作正常
12		永安站机埠	电磁流量计	500	1	1 177.63	1 903 538	425	工作正常
13	高新区白渔潭生态农业园	李岸泾电灌站	电磁流量计	350	1	996	662 399	400	工作正常
14		下央东电灌站	电磁流量计	350	1	897	476 312	290	工作正常
15		下央西电灌站	电磁流量计	350	1	936	336 311	226	工作正常
16		曹潭电灌站	电磁流量计	350	1	1 017	277 054	235	工作正常
17		迎风南电灌站	电磁流量计	500	1	1 335	1 187 298	643	工作正常
18		迎风北电灌站	电磁流量计	350	1	998	525 116	449	工作正常
19		群星电灌站	电磁流量计	350	1	981	444 210	480	工作正常
20		群南电灌站	电磁流量计	500	1	1 549	739 082	600	工作正常
21		生田电灌站	电磁流量计	350	1	0	370 260	340	工作正常
22		新华北电灌站	电磁流量计	500	1	1 511	494 899	350	工作正常
23		周家埭电灌站	电磁流量计	350	1	901	538 342	250	工作正常

序号	地理位置	灌区名称	流量计名称	口径（mm）	数量	瞬时流量（m³/h）	累积流量（m³）	面积（亩）	备注
24	千灯镇	光荣电灌站	插入式超声波流量计	350	1	1 430.7	1 138 017	731	工作正常
25		镇南电灌站	明渠流量计	—	1	1 044.3	1 281 906	180	工作正常
26		陆桥电灌站	明渠流量计	—	1	—	143 655	200	村里整改
27		前进电灌站	明渠流量计	—	1	—	1 602 265	380	工作正常
28		北吊市电灌站	超声波流量计	350	1	—	268 835	280	工作正常
29		陶星电灌站	超声波流量计	350	2	2 125	357 541	220	工作正常
				350		2 289	1 209		工作正常
31	巴城镇高效粮油基地	高效农业1号站	电磁流量计	350	1	1 243	648 222	240	工作正常
32		高效农业2号站	电磁流量计	500	1	1 882	1 120 006	500	工作正常
33		高效农业2号站（辅）	超声波水表	250	1	—	269 041	110	工作正常
34		高效农业3号站	电磁流量计	500	1	1 866.8	657 851	250	工作正常
35		高效农业4号站	电磁流量计	500	1	1 779	997 741	500	工作正常
36		高效农业5号站	电磁流量计	500	1	1 765	973 177	227	工作正常
37		高效农业6号站	电磁流量计	500	1	1 852	1 289 902	530	工作正常
38		高效农业7号站	电磁流量计	500	1	1 823.6	704 834	240	工作正常
39		高效农业8号站	电磁流量计	500	1	1 682	412 987	204	工作正常
40	巴城镇环湖村	雉新电灌站	超声波流量计	350	2	911	154 068	70	工作正常
				350		909	8 386		工作正常
41	经济技术开发区	蓬朗村3号泵站1	电磁流量计	250	1	112.9	23 921.1	—	工作正常
		蓬朗村3号泵站2	电磁流量计	250	1	120.5	13 478.3	111	工作正常

续表

序号	地理位置	灌区名称	流量计名称	口径(mm)	数量	瞬时流量(m³/h)	累积流量(m³)	面积(亩)	备注
42	开发区	蓬朗村4号泵站1	电磁流量计	250	1	104.4	54 615.8	118	工作正常
		蓬朗村4号泵站2	电磁流量计	250	1	112.4	20 038.8		工作正常

表 2-14　维护保养点位基本情况表

机埠名称	维护保养情况
巴城镇高效农业8号站	现场查看主机屏幕不亮,通过查看配电柜和询问管理员得知,有施工人员从配电柜中取电时引发短路情况,继而将主机烧坏(已维修好)
千灯镇陆桥电灌站	情况良好,按要求清理周围环境

(3) 智慧水务平台

昆山市水利局委托滢升自动化科技(上海)有限公司创建了智慧水务综合服务平台,主要对昆山市域内所有计量设施进行云管理,平台包括登录界面、主界面、抄表查询界面和周月年报表界面。

计量设施安装完成后,经测试稳定,可成功上传流量数据,用户可登录平台查看流量数据。公司对计量设施进行维修管护后,同样将设施运行情况上传至平台,用户可登录平台查看设备运行状态。通过数据公开,做到用水透明,保障水户利益。

① 集抄系统平台登录界面

② 集抄系统主界面

③ 集抄系统抄表查询界面

④ 集抄系统周月年报表界面

（4）管护照片

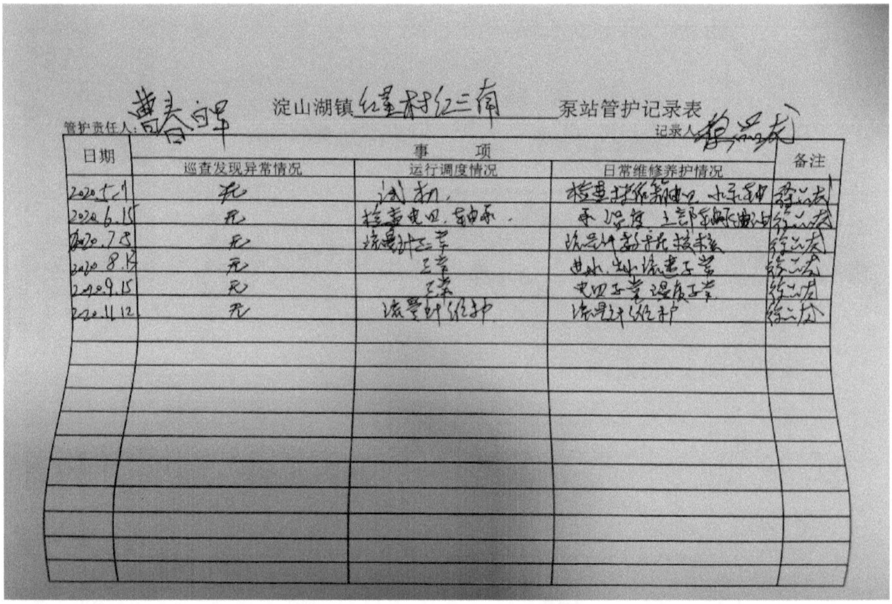

图 2-8　淀山湖镇泵站管护记录表

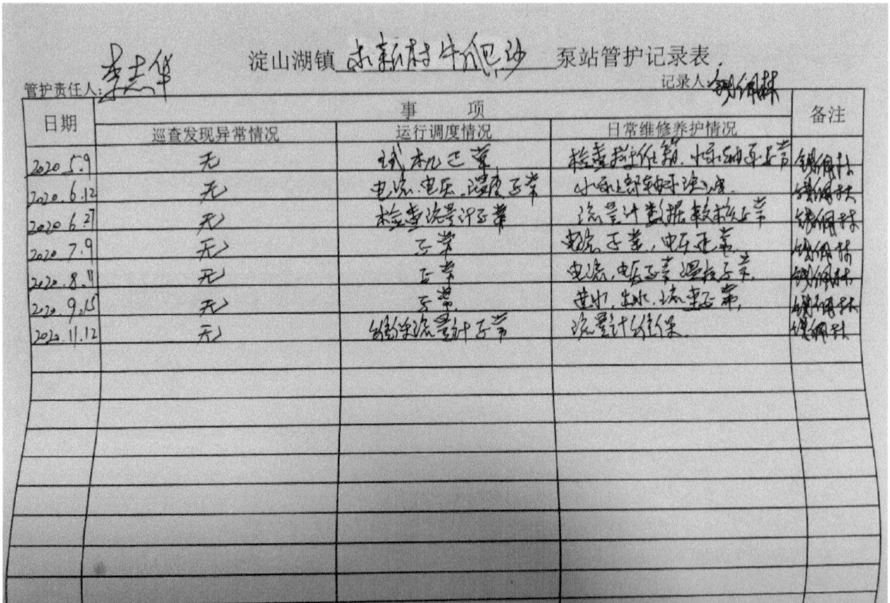

图 2-9　计量设施现场管护图

2.4.5　管护考核情况

1) 昆山市农业水价综合改革工作考核

为深入贯彻落实江苏省在 2020 年底率先完成农业水价综合改革这一目标任务,加快推进昆山市农业水价综合改革工作,昆山市根据《江苏省农业水价综合改革工作验收办法》(苏水农〔2019〕27 号)等相关文件要求,结合昆山市改革实际,制定了昆山市农业水价综合改革自验工作方案,形成自验小组,按照"昆山市农业水价综合改革自验打分表"对昆山市进行打分。根据《江苏省农业水价综合改革工作验收办法》要求,自评得分 100 分,其中有关计量设施管护内容如下:

(1) 出台管护办法(3 分,自评得分 3 分)

昆山市印发了《关于成立昆山市农田水利(小型水利工程)设施产权制度改革和创新运行管护机制领导小组的通知》(昆水〔2016〕41 号),出台了小型水库、农村小型泵站、骨干河道、农村河道、水源塘坝、农村庄塘、小型农田水利工程等管理指导意见、考核办法等;同时加强管护考核结果的运用。所以得 3 分。

(2) 落实管护资金(4 分,自评得分 4 分)

农田水利工程管护已全面纳入本市农村公共服务运行维护机制建设中,各区、镇共落实管护资金 3 200 万元,工程管护资金按时拨付到位,保障农田水利工程设施运行较为良好。所以得 4 分。

（3）明确管护责任（4 分，自评得分 4 分）

成立多元化管护组织，制定管护制度、明确管护主体、签订管护协议、进行管护考核，出台了《昆山市小型农田水利工程运行管理考核办法（试行）》（昆水〔2015〕79 号），对管护人员及设施进行考核，并通过将考核结果与奖金及管护资金挂钩的方式，加强工程管护考核结果的运用；实现管护组织全覆盖；用水者协会组织运行规范，工程管护、用水管理、水费计收等作用发挥良好；管护协议、管护考核等台账齐全。所以得 4 分。

（4）完善供水计量设施（5 分，自评得分 5 分）

累计完成计量设施 486 处，其中流量计计量设施布置 33 处，"以电折水"设施布置 453 处，淀山湖镇、锦溪镇、陆家镇、千灯镇、张浦镇、周市镇、高新区制订了"以电折水"实施方案，实现了改革范围内计量设施全覆盖；同时计量设施有效运行、记录完善、数据齐全。所以得 5 分。

（5）强化考核督导（4 分，自评得分 4 分）

建立考核督导机制，印发《昆山市农业水价综合改革监督检查与绩效评价办法（试行）》（昆农水改〔2018〕1 号）；改革领导小组召开推进会、培训会，对全市农业水价综合改革工作进行指导、培训；同时，对各区、镇农业水价综合改革进展情况进行督查，将督查结果作为下一年度安排农田水利资金的因素，与小型农田水利工程建设、长效管护等资金分配挂钩，所以得 4 分。

上述五项的自评得分显示，昆山市农业水利工程管护、供水计量设施建设及考核机制建立情况皆为满分。工程管护资金到位，责任明确，计量设施能够有效运行、记录完善、数据齐全。根据考核结果综合分析可得，昆山市计量设施管护情况良好，管护水平较高，保障了计量设施有效利用。

2）昆山市小型农田水利工程运行管理考核

昆山市出台的农田水利工程运行管护方法中，印发了《关于成立昆山市农田水利（小型水利工程）设施产权制度改革和创新运行管护机制领导小组的通知》（昆水〔2016〕41 号），通过了《昆山市小型农田水利工程运行管理方法》，细化了关于农村小型泵站、小型农田水利工程等多项"小农水"工程的考核办法，构建了"昆山市小型农田水利工程运行管理考核表"（表 2-15）。考核表中包括灌排泵站设备保养及运行情况和专项管护经费补助专项使用情况，分值分别为 10 分和 5 分。灌排泵站设备保养及运行情况中包含计量设施管护情况，可依据分值分别进行打分，综合得出计量设施管护考核结果。

表 2-15 昆山市小型农田水利工程运行管理考核表

_____ 镇（区）   考核时间：____年____月____日

考核项目	考核内容	分值	赋分原则	得分	备注
组织管理（15分）	有专门组织领导,管理网络健全	5	按管理组织完善程度赋分,无管理组织不得分		
	出台区、镇工程管护检查考核细则和标准	5	按制度建立的完善程度赋分,未建立制度不得分		
	制度上墙,文档整编完整,每个工程建技术档案,台账资料完整规范,巡查考核记录及时、齐全,并有专人管理	5	按台账资料完善情况赋分,无台账资料不得分		
运行管理（40分）	灌排泵站的站容站貌、设备保养及运行情况	10	按泵站现场情况赋分,检查发现有不能正常运行的不得分		
	沟渠及配套建筑物。配套建筑物完好程度、渠道畅通程度	10	按沟渠及配套建筑物工程完好程度赋分		
	坏堤工程整体情况、管理维护情况	10	根据现场查勘情况赋分		
	防洪闸涵、设备保养及运行情况	10	根据涵闸工作情况赋分		
安全管理（30分）	利用各种形式加大宣传,增强公民保护意识	5	有宣传栏、牌,满5处不扣分,每少1处扣1分		
	配合做好涉水项目管理和水政执法工作	5	有涉水项目未批先建或违章建筑未及时拆除不得分		
	做好工程维修加固及防汛抢险工作,无防汛责任事故和安全生产事故	20	发生防汛责任事故和安全生产事故的不得分		
经费保障（15分）	年度预算指标落实	5	视执行情况赋分,未专款专用不得分		
	上级专项管护经费补助专项使用,工程维护经费到位	5	视经费到位情况赋分,未配套经费不得分		
	资金使用管理规范,拨付及时,并与考核挂钩	5	视经费拨付情况赋分		

考核人员签名：_____

2.4.6 调研情况总结

1）管护过程中存在的问题

（1）设施维护不到位

计量设施周围杂物多,环境差,卫生工作未能有效落实；长期脏乱的环境容易损坏计量设施主要零件，导致设施出现误差；同时，计量设施运行情况是水价改革的重要验收成果之一，滢升自动化科技（上海）有限公司一年两次的维护检修工作并不能保障设施长期稳定运行。

（2）管理制度落实不严

从调研情况来看，站点管护人员脱岗现象较多，有的站点甚至存在人不在、门不锁、无关人员随意进出等现象，计量设施存在安全隐患。此外，一些站点计量标识牌老旧、标识标记缺失、运行记录不详、信息更新不及时。

（3）责任分工不明确

计量设施由滢升自动化科技（上海）有限公司派专业技术人员负责维修保养，该公司主要负责设备保养及平台维护，并不负责其他工作。通常情况下，计量设施管护工作也属于"小农水"管护工作之一，其卫生工作应由"小农水"管护主体统一安排人员负责打扫，设施看管与台账记录工作应由各站点管理人员负责。目前，滢升自动化科技（上海）有限公司以灌区站点为单位进行建设，由昆山市水利局进行直接招标，而"小农水"管护主体由各镇单独组织建设，无法与滢升自动化科技（上海）有限公司进行有效沟通，导致很多工作长期处于空白交界地带；同时，"小农水"管护主体对各站点计量设施工作缺乏监管，导致部分站点管护人员偷懒懈怠，未能将工作认真完成。

2）主要建议

计量设施存在的问题，主要是由于各部门责任不明确、分工不到位、监管未落实引起的，只需将计量设施管护工作分工到位、落实监管即可解决问题。

（1）昆山市水利局

昆山市水利局应引起重视，并加强对滢升自动化科技（上海）有限公司等技术服务公司的管理，在管护期满后及时签订新的管护协议，保障设施长期稳定运行。

（2）技术服务公司

技术工作由技术服务公司长期负责，目前由滢升自动化科技（上海）有限公司负责设备保养及平台维护，在滢升自动化科技（上海）有限公司合同期满后，再由昆山市水利局及时与该公司或其他技术服务公司签订新的管护协议；同时，建议增加管护频率，由一年两次增加至每季度一次甚至每月一次，减少计量设施在平时工作中出现失误的可能性。

（3）"小农水"管护组织

各镇的"小农水"管护组织通常为农民专业合作社，负责辖区内小型农田水利工程的管护和监管工作。由于"小农水"项目众多,无法面面俱到,管护组织可将计量设施管护工作分派至各站点,给予各站点足够的资金,对各站点进行及时监管与考核。

(4)各站点管理人员

昆山市各站点管理人员需认真到岗工作,严格制止外来人员进入;同时负责台账记录工作,台账需清晰、准确,并整理成册,等待核实与考查。对于计量设施卫生工作,可用下发的管护资金定期请保洁人员进行打扫,保障设施周围环境整洁。

2.5 丘陵山区——以常州市溧阳市为例

丘陵山区地势较高,主要依靠本地塘坝蓄水灌溉,干旱年份需要多级提水补充灌溉不足。该片区主要包括常州、镇江两地。

2.5.1 地区基本情况

溧阳市位于江苏省南部,隶属江苏省常州市,下辖 9 个镇和 3 个街道,175个行政村,包括溧城街道、天目湖镇、埭头镇、上黄镇、戴埠镇、别桥镇、竹箦镇、上兴镇、南渡镇、社渚镇、古县街道和昆仑街道。截至 2019 年底,全市境内有灌溉和排涝等各类泵站共计 1 070 座。部分如表 2-16 所示。

全市从 2017 年开始实施农业灌溉水量监测管理系统工程,投入 329 万元,以全市 10 寸以上的泵站为对象,每个泵站现场安装水量监测采集装置,采集数据并将数据实时传输到乡镇水利站,分乡镇传输到水利局监控中心,实现水量采集、传输、处理和综合管理,测算泵站用水量,对小型灌溉泵站进行有效监测和管理。农灌期间,通过 PC 终端及手机 APP,市局及乡镇管理人员可以实时查看每台灌溉站开关机状态及本次开关机后的灌溉水量,农灌结束后,可查询每台水泵当年的灌溉用水量,实现了灌区农业用水量的动态跟踪和精准监管,为农业计划用水安排和调度提供了支撑。

表 2-16　溧阳市计量设施统计表(部分乡镇)

序号	站名	所在位置	灌排性质	泵站编码	物联网卡号	备注
1	蚕田垱	新昌村	单灌	320481117001	898602B0101680261199	
2	后沿南站	新昌村	单灌	320481117002	898602B0101680261178	

序号	站名	所在乡镇	灌排性质	泵站编码	物联网卡号	备注
3	后沿北站	新昌村	灌排	320481117003	898602B0101680261179	
4	淦东灌排站	新昌村	灌排	320481117004	898602BOI01680261177	
5	后岗埭	新昌村	灌排	320481117005	898602BO101680261180	
6	陶西埭	胡桥村	灌排	320481117006	898602B0101680261345	
7	甘田埭	胡桥村	单灌	320481117007	898602B0101680261342	
8	鹏程南站	胡桥村	单灌	320481117009	898602B0101680261343	
9	沙仁埭	陶家村	单灌	320481117011	898602B0101680261344	
10	陶东埭	陶家村	单灌	320481117012	898602B0101680260789	
11	沙滩圩站	蒋店村	灌排	320481117014	898602B0101680261202	
12	沙滩圩排涝站	蒋店村	单排	320481117015	898602B0101680261203	
13	西马站	合心村	单灌	320481117017	898602B0101680260989	
14	蒋北站	合心村	单灌	320481117018	898602B0101680261319	
15	草溪圩北站	合心村	灌排	320481117020	898602B0101680260987	
16	草溪圩南站	合心村	灌排	320481117021	898602B0101680260988	
17	李家站	合心村	单灌	320481117022	898602B0101680261320	
18	金家站	合心村	单灌	320481117023	898602B0101680261321	
19	官圩港排涝站	合心村	单排	320481117024	898602B0101680260986	
20	杨家圩灌溉站	合心村	单溜	320481117026	898602B0101680261322	
21	罗家灌溉站	泓口村	单灌	320481117027	898602B0101680261406	
22	罗家灌排站	泓口村	灌排	320481117029	898602B0101680261407	
23	蒋笪村排涝站	胥泊村	单排	320481117032	898602B0101680261323	
24	方里灌溉站	方里村	单灌	320481117033	898602B0101680261333	
25	方里排涝站	方里村	单排	320481117034	898602B0101680261334	
26	东泗墩排涝站	方里村	单排	320481117035	8986028010168030000	
27	西泗墩电灌站	方里村	灌排	320481117036	898602B0101680261336	
28	前班竹泵站	班竹村	灌排	320481117037	8986028010168030000	
29	冯家斗泵站	班竹村	单灌	320481117039	898602B0101680261332	
30	中班竹坝头（孙家）电灌站	班竹村	灌排	320481117040	898602B0101680261331	
31	后班竹电灌站	班竹村	灌排	320481117041	898602B0101680261328	
32	后班竹排涝站	班竹村	单排	320481117042	898602B0101680261329	
33	金家灌排站	班竹村	灌排	320481117043	898602B0101680261330	
34	新庄排涝南站	新庄村	单排	320481117044	898602B0101680261339	

序号	站名	所在乡镇	灌排性质	泵站编码	物联网卡号	备注
35.	新庄电灌站	新庄村	单灌	320481117045	898602B0101680261341	
36	上宗电灌站	新庄村	单灌	320481117046	898602B0101680261340	
37	新庄排涝北站	新庄村	单排	320481117047	89860401101701100000	
38	宗村灌溉站	徐格笪村	单灌	320481117049	898602B0101680261115	
39	宗村排涝站	徐格笪村	单排	320481117050	898602B0101680261114	
40	对河排涝站	徐格笪村	单排	320481117051	898602B0101680261189	
41	黄泥桥排涝站	徐格笪村	单排	320481117052	898602BO101680261188	
42	宋家圩排涝站	杨庄村	单排	32048111705p	898602B010168026l097	
43	泗房圩排涝站	杨庄村	单排	320481117054	898602B0101680261190	
44	杨庄排涝站	杨庄村	单排	q20481117055	898602!! 0101680261096	
45	庄头站	杨庄村	单灌	32048i117056	898602¥! 0101680261186	
46	小河村灌排站	杨庄村	灌排	320481117057	898602B0101680261112	
47	枢巷站	杨庄村	灌排	320481117058	898602B0101680261091	
48	东杨庄站	杨庄村	灌排	320481117059	898602B0101680261113	
49	后庄站	杨庄村	单灌	320481117060	898602BO101680261093	
50	后庄排涝站	杨庄村	单排	320481117061	898602B0101680261092	
51	塍圩灌溉站	杨庄村	单灌	320481117062	898602B0101680261095	
52	塍圩西灌溉站	杨庄村	单灌	320481117063	898602B0101680261098	
53	塍圩排涝站	杨庄村	单排	320481117064	898602B010168026l094	
54	牛车垛站	夏庄村	灌排	320481117065	898602BO101680261166	
55	朱家埠电灌站	夏庄村	单灌	320481117066	898602BO101680261169	
56	朱家埠排涝站	夏庄村	单排	320481117067	898602B0101680261170	
57	大安扞	夏庄村	灌排	320481117068	898602B0101680261168	
58	夏庄排涝站	夏庄村	单排	320481117069	898602B0101680261172	
59	夏庄村排涝站	夏庄村	单排	320481117070	898602B010l680261l71	
60	万亩桥排涝站	夏庄村	单排	3204811－17071	898602B0101680261167	
61	新沙排涝站	毛场村	单排	320481117072	898602B0101680261324	
62	新基排涝站	毛场村	单排	320481117073	898602B0101680261325	
63	苗头站	棠下村	单泄	320481117075	898602B0101680261176	
64	坟庵垛泵站	胥渚村	单滥	320481117076	898602B010168026l3337	
65	蒋家塘站	胥渚村	灌排	320481117077	898602B0101680261338	
66	花园头泵站	中关村	灌排	320481117078	898602B0101680261174	

序号	站名	所在乡镇	灌排性质	泵站编码	物联网卡号	备注
67	北河北泵站	中关村	单排	320481117079	898602B0101680261212	
68	永丰泵站	中关村	单排	320481117080	898602B0101680261215	
69	泓口泵站	中关村	单排	320481117081	898602B0101680261210	
70	田坪桥泵站	中关村	单排	320481117082	898602B0101680261213	
71	南丰圩泵站	中关村	单排	320481117083	898602B0101680261207	
72	李家泵站1	中关村	单排	320481117084	898604021017030000000	
73	李家泵站2	中关村	单排	320481117085	898602BOI01680261209	
74	北丰圩泵站	中关村	单排	320481117086	898602B0101680261208	
75	泓盛路泵站	中关村	单排	320481117087	898602B0101680261206	
76	西互通泵站	中关村	单排	320481117088	898602B0101680261205	
77	环园西路泵站	中关村	单排	320481117089	898602B0101680261200	
78	西半夜浜泵站1	中关村	单排	320481117090	898602B0101680261175	
79	西半夜浜泵站2	中关村	单排	320481117091	898602B0101680261173	
80	蒋店二期后排涝站	中关村	单排	320481117092	898602B0101680261204	
81	扁担河排涝站	中关村	单排	320481117093	898602B0101680261191	
82	下河头排涝站	中关村	单排	320481117094	898602B0101680261214	
83	徐家泵站1	中关村	单排	320481117095	898602BOI01680261211	
84	徐家泵站2	中关村	单排	320481117096	898602B0101680261201	

2.5.2 管护组织建设

溧阳市于2015年11月底及12月初完成了沙河水库、大溪水库、前宋水库和塘马水库农民用水合作组织的相关创建工作,随着溧阳市农业水价综合改革工作的推进,按照"政府引导、农民自愿、依法登记、规范运作"的原则,全市11个镇(区)依法注册组建了以乡镇为单位的农民用水服务专业合作社,覆盖至每个行政村。溧阳市昆仑街道办事处则成立了专业管护公司,对全区的灌溉排水、抗旱排涝、农田水利建设、管护及涉农用水服务实行公司化管理,如表2-17与图2-10所示。

表 2-17 溧阳市管护组织类型统计表

序号	镇/街道	管护组织数量	管护面积（万亩）	管护组织类型（根据实际情况增加管护组织类型）			备注
				用水合作社数量	专业化管护公司	家庭农场/大户数量	
1	溧城镇	1	2.384 4	1			
2	天目湖镇	1	2.543	1			
3	埭头镇	1	2.850 2	1			
4	戴埠镇	1	3.754 6	1			
5	上兴镇	1	9.750 2	1			
6	上黄镇	1	0.820 3	1			
7	别桥镇	1	7.750 7	1			
8	社渚镇	1	10.471 6	1			
9	南渡镇	1	7.281 7	1			
10	竹箦镇	1	7.141 7	1			
11	昆仑街道	1	1.169 6		1		
合计		11	55.918	10			

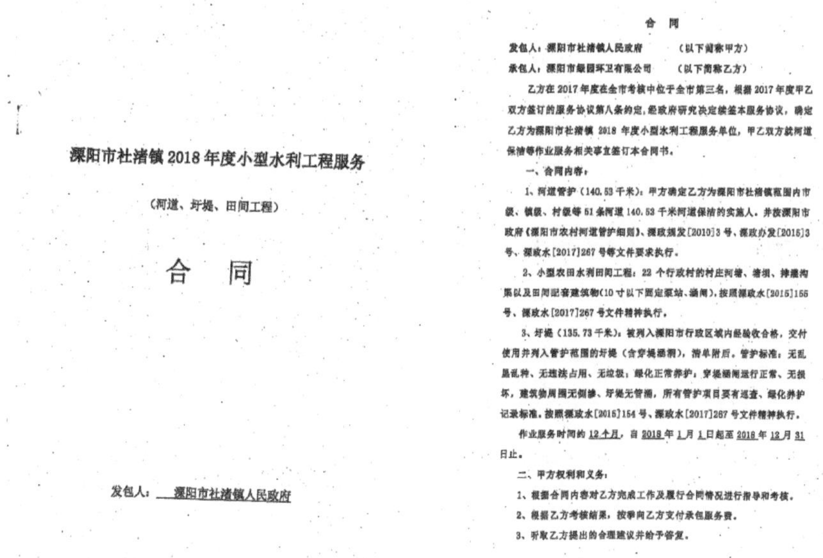

溧阳市社渚镇2018年度小型水利工程服务

（河道、圩堤、田间工程）

合　同

发包人：溧阳市社渚镇人民政府

合　同

发包人：溧阳市社渚镇人民政府　　（以下简称甲方）

承包人：溧阳市绿园环卫有限公司　　（以下简称乙方）

乙方在2017年度在全市考核中位于全市第三名，根据2017年度甲乙双方签订的服务协议第八条约定，经政府研究决定续签本服务协议，确定乙方为溧阳市社渚镇2018年度小型水利工程服务单位，甲乙双方就河道保洁等作业服务相关事宜签订本合同书。

一、合同内容：

1、河道管护（140.53千米）：甲方确定乙方为溧阳市社渚镇范围内市级、镇级、村级等51条河道140.53千米河道保洁的实施人。并按溧阳市政府《溧阳市农村河道管护细则》、溧政规发[2010]3号、溧政办发[2015]3号、溧政水[2017]267号等文件要求执行。

2、小型农田水利田间工程：22个行政村的村庄河塘、塘坝、排灌沟渠以及田间配套建筑物（10寸以下固定泵站、涵闸），按照溧政水[2015]155号、溧政水[2017]267号文件精神执行。

3、圩堤（135.73千米）：被列入溧阳市行政区域内经验收合格，交付使用并列入管护范围的圩堤（含穿堤涵洞），清单附后。管护标准：无乱垦乱种、无违法占用、无垃圾；绿化正常养护；穿堤涵闸运行正常、无损坏，建筑物周围无倒渗、圩堤无管涌，所有管护项目要有巡查、绿化养护记录标准。按照溧政水[2015]154号、溧政水[2017]267号文件精神执行。

作业服务时间约12个月，自2018年1月1日起至2018年12月31日止。

二、甲方权利和义务：

1、根据合同内容对乙方完成工作及履行合同情况进行指导和考核。

2、根据乙方考核结果，按季向乙方支付承包服务费。

3、听取乙方提出的合理建议并给予答复。

图 2-10　溧阳市农民用水管护组织建设

2.5.3　管护资金落实

溧阳市自开展农业水价综合改革以来，相关部门高度重视，并认真组织落实。按照市级下发精准补贴和节水奖励文件的要求，2017年以来，共投入281.98万元用于农业水价综合改革节水奖励及精准补贴。通过下达的各镇用水计划及考核办法，重点对工程维修管护状况、年度节约用水量以及协会运行状态进行管护考核评价。奖补资金主要用于农田水利工程维修与管护（灌溉泵站、渠道及渠道配套建筑物等）。

表 2-18　溧阳市 2017—2020 年农业水价改革资金下达情况汇总表

单位：万元

年度	文件名称	文号	金额	精准补贴	节水奖励
2017	《常州市水利局 常州市财政局关于下达2017年市级农业水价综合改革补助经费的通知》	常水农〔2017〕25号、常财农〔2017〕27号	13	13	—

年度	文件名称	文号	金额	精准补贴	节水奖励
2018	《常州市水利局 常州市财政局关于下达2018年度农村水利第二批补助经费的通知》	常水农〔2018〕31号	40	—	40
2018	《常州市水利局 常州市财政局关于下达2018年度农村水利第三批补助经费的通知》	常水农〔2018〕48号	34	34	—
2018	《溧阳市水利局 溧阳市财政局关于下达溧阳市2018年度水利工程补助经费的通知》	溧政水〔2018〕59号	5	—	5
2019	《常州市水利局 常州市财政局关于下达2019年市级第二批水利发展与建设专项资金的通知》	常水财〔2019〕11号	50	—	50
2019	《常州市水利局 常州市财政局关于下达2019年市级第五批水利发展与建设专项资金的通知》	常水财〔2019〕26号	32.98	32.98	—
2020	《常州市财政局 常州市水利局关于下达2020年市级水利专项资金(第一批)的通知》	常财农〔2020〕18号	60	—	60
2020	《常州市财政局 常州市水利局关于下达2020年市级水利专项资金(第三批)的通知》	常财农〔2020〕51号	30	30	—
2020	《溧阳市水利局 溧阳市财政局关于下达溧阳市2020年度水利工程补助经费的通知》	溧政水〔2020〕12号	17	17	—

2.5.4 管护工作开展

（1）确定管护要求

溧阳市的农业灌溉用水计量方式主要是对全市10寸以上的泵站现场安装水量监测采集装置，将采集的数据实时传输到乡镇水利站，再由各乡镇传输到水利局监控中心，实现水量采集、传输和综合管理。

主要管护要求：一是所管护的村庄河塘、塘坝、排灌沟渠以及田间配套建筑物（10寸以下的固定泵站、涵闸）都要有专人管护，建立管理台账；及时收集汇总长效管护的有关政策法规、宣传资料、管理办法、规章制度、合同协议、经费使用、检查考核等资料，并装订成册；所管工程均须在醒目处设立统一规格的公示牌，公示管护责任人、管护标准以及监督电话，以利社会监督。二是专人负责维护泵站水量监测采集装置,在设备的运行过程中,及时发现并消除设备存在的缺陷和隐患,定期做好设备的维修养护工作。三是做好系统的维护工作,包括及时处理告警信息、定期处理日志信息等。

（2）核查日常用水台账

明确专人对各泵站计量点日常用水台账进行核查,确保计量设施正常运行,如表2-19所示。

表 2-19　社渚镇朱家桥计量点日常用水记录

一、计量点基本情况					
计量点名称	朱家桥电站	管理灌溉面积（亩）	1 987	计量类型	流量表
相关参数	1.5/S	记录员姓名及联系电话	蒋俊 13961289993		
二、用水实时计量情况					
开机时间	关机时间	计量数据（m³）	用水量（m³）	记录员签字	监督员签字	备注
6.30	17.30	48 600	48 600	蒋俊	赵荣华	
7.30	16.50	40 100	40 100	蒋俊	赵荣华	
7.45	18.15	51 300	51 300	蒋俊	赵荣华	
8.15	17.25	36 800	36 800	蒋俊	赵荣华	
6.20	16.30	50 600	50 600	蒋俊	赵荣华	
7.35	17.50	54 000	54 000	蒋俊	赵荣华	
6.25	17.10	38 000	38 000	蒋俊	赵荣华	
8.05	16.35	41 600	41 600	蒋俊	赵荣华	
7.20	12.35	38 000	38 000	蒋俊	赵荣华	
8.35	14.20	26 800	26 800	蒋俊	赵荣华	
6.10	15.45	31 600	31 600	蒋俊	赵荣华	
6.35	17.30	42 690	42 690	蒋俊	赵荣华	
8.20	18.05	21 800	21 800	蒋俊	赵荣华	
12.10	18.50	18 600	18 600	蒋俊	赵荣华	
7.35	17.10	54 000	54 000	蒋俊	赵荣华	

2.5.5　管护考核情况

溧阳市每年对小型水利工程长效管护工作进行季度考核,其中泵站工程考核包含对计量设施管护的考核。考核工作按照《溧阳市农村河道管护细则》、《溧阳市圩堤长效管护工作考核办法》、《溧阳市机电排灌设施长效管护工作考核办法》和《溧阳市小型农田水利田间工程管护考核办法》等文件内容进行,考核结果为赋分制。以 2019 年第一季度考核结果为例,考核结果见表2-20。

表 2-20　溧阳市 2019 年第一季度小型水利工程长效管护考核评分汇总表

序号	镇/街道	河道	泵站	圩堤	田间工程	平均得分	备注
1	上兴镇	99.3	99.6	99.4	100.0	99.6	
2	社渚镇	100.0	99.3	99.0	100.0	99.6	
3	溧城镇	99.3	99.5	99.0	100.0	99.5	
4	埭头镇	98.9	99.5	98.8	100.0	99.3	
5	南渡镇	98.9	99.3	98.8	100.0	99.3	
6	上黄镇	99.3	98.4	98.5	100.0	99.1	
7	天目湖镇	98.4	99.4	98.0	100.0	99.0	
8	戴埠镇	98.0	99.6	98.0	100.0	98.9	
9	竹箦镇	97.8	99.5	98.0	100.0	98.6	
10	昆仑街道	98.4	99.2	97.6	100.0	98.8	
11	别桥镇	97.9	99.4	97.6	100.0	98.7	

注:平均得分四舍五入取小数点后一位。

2.5.6　调研情况总结

1) 管护过程中存在的问题

在调研过程中发现,一是计量设施管护意识淡薄。主要是因为部分工作人员注重对河道、圩堤、田间工程的管护,忽视了对计量设施的管护工作。二是在计量设施使用过程中,效率不高。主要是因为部分工作人员对于计量管理工作的相关理论知识没有进行系统全面的学习,使得管理人员在开展具体工作时,无法及时发现计量操作中实际存在的问题,而将管理和检验工作的功效降低。

2) 主要建议

(1) 进一步明确管理要求

各泵站计量设施的管理需要按照产权归属管理的原则,围绕具体的管护要求,做好计量设施的维护和日常管护台账的记录。

(2) 完善管理机制

各镇(街道)需要在原有计量设施管护工作的基础上,认真总结经验、发扬好的做法、探索新的举措,提高计量设施管护水平,建立计量设施的长效管护机制,明确任务、强化管理、加强督查、定期考核。

（3）做好专项资金的管理

目前,溧阳市没有专门针对计量设施的管护工作下拨资金,后续可以针对计量设施的管护设立专项管护资金,严格使用,并做好审计工作。

（4）加大培训力度

计量管理工作需要聘请具有相应能力的专业人员承担,并需要对计量人员进行系统的、有针对性的培养,提高计量人员的专业水准和综合素养;同时,需要对计量人员的工作能力进行不定期的抽查,以此来检验其能力是否符合要求。

3 计量设施建设分析

本章通过对计量设施类型、计量设施数量、计量设施对比、计量设施发展四个角度进行计量设施建设的情况总结,并分析全省计量设施建设。

3.1 计量设施类型

通过查阅资料、现场调研等方式,对全省范围内计量设施类型进行调研。调研结果显示,全省灌区量水常用的方法可分为四类:水工建筑物量水、特设量水设施量水、仪表类流量计量水、相关系数折算水量。

3.1.1 水工建筑物量水

灌溉渠系上有各种类型的配套建筑物,这些水工建筑物只要符合一定的水流条件都可以用作量水。它既可以减少因灌溉系统设置量水设施所产生的水头损失,又可节省大量附加量水设备的建设费用。

利用涵闸、渡槽、倒虹吸、跌水等渠系建筑物,其测流原理是根据建筑物不同流态的流量计算公式,选用适当的流量系数,再按一定要求设置的水尺测得建筑上下游水位,推求流量和计算累计水量。经调研,江苏省现有水工建筑物量水包括量水标尺、利用渠道、涵闸等类型,如图 3-1 所示。

3.1.2 特设量水设施量水

当渠系建筑物无法满足量水要求时,可以利用特设量水设备进行量水。特设量水设施主要包括量水堰、量水槽。量水堰有三角堰、梯形堰、无喉道量水堰等;量水槽适用于各种断面的长喉道量水槽、矩形或梯形断面的巴歇尔量水槽和无喉道量水槽等,如图 3-2 所示。

经调研,江苏省苏北地区有部分县市区采用巴歇尔量水槽等特设量水设施进行量水。特设量水设施通过量水建筑物主体段的过水断面进行科学收缩,使其上下游形成一定的水位落差,从而得到较为稳定的水位与流量关系,通过堰流公式得到不同水位下的流量。

（a）水尺　　　　　　　　　　（b）涵闸建筑物

（c）梯形断面渠道

图 3-1　利用渠系建筑物量水

3.1.3　仪表类流量计量水

仪表类流量计是基于水力学原理测流的二次仪表,在安装、测读、计量、管理等方面优点突出、安装简便、读数方便、易操作、方便管理,目前在其性能、流量系数方面的研究较多,应用范围较广。经调研,江苏省现采用仪表类流量计量水包括电磁流量计、超声波流量计、明渠流量计、流量积算仪、便携式流量计、水表等类型，如图 3-3 所示。

（a）巴歇尔量水槽

（b）无喉道量水槽

（c）三角堰

图 3-2　利用特设量水设施量水

（a）插入式电磁流量计

（b）便携式电磁流量计

(c) 明渠流量计

(d) 管道流量计

(e) 电磁流量计

(f) 超声波流量计

图 3-3 利用仪表类流量计量水

3.1.4 相关系数折算量水

主要包括"以电折水""以时折水"等,其中:

(1)以电折水:通过计量水泵灌溉的用电量乘以水电转换系数来推算本次灌溉用水总量。水电转换系数一般定义为在一定时段内水泵的总出水量和总用电量的比值,计算公式为:

$$T_C = A_W / A_E \qquad (1)$$

式中,T_C 为水电转换系数,单位是 $m^3/(kW \cdot h)$;A_W 为总出水量,单位是 m^3;A_E 为总用电量,单位是 $kW \cdot h$。

当 T_C 一定时,理论上通过精确计算水泵的总用电量 A_E,即可得到水泵的总用水量 A_W,计算公式为:

$$A_W = T_C \times A_E \qquad (2)$$

（2）以时折水：主要是在各地区选取泵型不同、扬程不同、建设年代不同的典型泵站，安装计时器，通过计时器和典型泵站电流流量折算系数，推算用水量。

"水时折算"系数主要是根据水泵效率、电机效率等数据推算，也可以在同泵型泵站现场取样测定后在管护组织保存固定的系数数值（每年测定一次）。

（3）以油折水：此方法主要是针对江苏省里下河水网圩区灌溉计量，该区地形平坦、地势低注、河网密布，适合利用流动机船量水的方式。该方法主要是利用船载柴油机泵灌溉装置，根据机泵的静扬程和柴油机转速，测试这种船载柴油机泵灌溉装置的灌水流量，通过油量折算出农业灌溉用水量。其装置示意图及工作原理，如图 3-4 和图 3-5 所示。

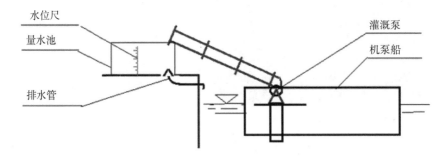

图 3-4　流动机船装置示意图

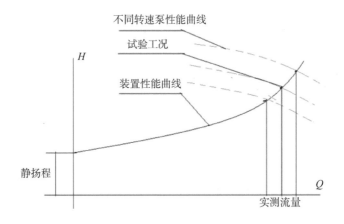

图 3-5　流动机船工作原理示意图

3.2　计量设施数量

2016年前,江苏省农业用水灌溉工程基本上未安装计量设施,渠首量水也主要采取传统人工观测上下游水位测算等手段,农业用水量大多采用定额法或根据泵站开机时间、灌溉面积、电费进行估算,不能完全反映实际灌溉用水量。为解决计量问题,贯彻落实江苏省水利厅《关于加强农村水利工程计量设施建设的通知》(苏水农函〔2015〕72号)文件要求,从2016年开始,各地在新建的灌溉泵站及灌排结合站配套建设计量设施,加强农业用水计量,促进农业用水管理,以实现农业节水。

调研结果显示,全省计量设施建设可以分为三个阶段,包括前期规划、中期发展、后期巩固,其中2016—2017年是计量设施建设的前期规划阶段,2018—2019年是计量设施建设的中期发展阶段,2020年是计量设施建设的后期巩固阶段。根据调研结果,绘制三个阶段全省计量设施建设进度图,见图3-6。从图中可以看出:2016—2017年,全省开始推进农业水价综合改革工作,各改革区域对计量设施的规划和建设日趋重视,全省计量设施覆盖率从20%上升至40%左右;2018—2019年,此阶段随着农业水价综合改革工作的不断推进,全省计量设施建设推进力度大,各县市区均大力推进计量设施建设,截至2019年12月,全省计量设施覆盖率达99%;2020年,全省进入农业水价综合改革工作验收阶段,截至2020年10月,全省改革范围内计量设施全覆盖,达100%。

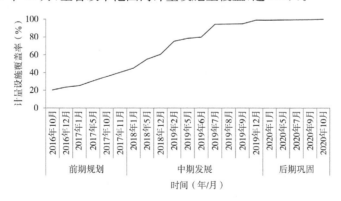

图3-6　全省计量设施建设进度图

全省坚持计划用水、定额管理,对各改革区域实行用水总量控制,严格核定各地取水许可水量。按照经济实用、稳定可靠、便于维护的原则,合理确定计量单元,多元化配备计量设施,并配合做好用水计量记录、统计、分析工作,在确保有效计量的前提下,显著降低了计量设施购置成本。据调研统计,截至2020年12月,江苏省共配备计量设施137 235台套,其中配备电磁流量计8 988台套、超声波流量计7 660台套、"以电折水"57 411处、"以时折水"41 112处、量水标尺608处、明渠流量计1 605台套。此外,泰州市姜堰区、兴化市还对独有"流动机船"打水模式开展专项率定,共配备流动机船计量设施7 579台套,各类型占比如统计表3-1和图3-7所示。

表 3-1 计量设施类型及数量(截止到 2020 年 12 月)

计量类型	计量方式	计量数量/处或台套	占比
水工建筑物量水	量水标尺	608	0.44%
	利用渠道等建筑物	110	0.08%
特设量水设施量水	量水堰＋量水槽	10 619	7.74%
仪表类流量计量水	电磁流量计	8 988	6.55%
	超声波流量计	7 660	5.58%
	明渠流量计	1 605	1.17%
	流量积算仪	983	0.72%
	便携式电磁流量计	141	0.10%
	超声波水表	419	0.31%
相关系数折算量水	以电折水	57 411	41.83%
	以时折水	41 112	29.96%
	流动机船	7 579	5.52%
合计		137 235	100%

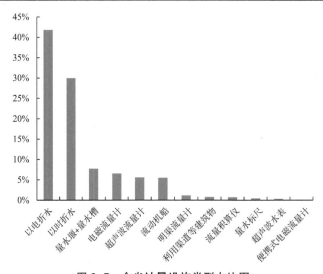

图 3-7 全省计量设施类型占比图

表 3-2　截至 2020 年 12 月底江苏省大中型灌区斗渠以上口门计量设施配备情况统计表

地区	取水口计量情况			支渠计量情况			斗渠计量情况			备注
	取水口数量	计量形式	是否计量全覆盖	支渠口门数量	计量形式	是否计量全覆盖	斗渠口门数量	计量形式	是否计量全覆盖	
江苏省	1 217	（具体见各设区市）	是	13 718	（具体见各设区市）	是	39 592	（具体见各设区市）	是	
南京市	89	电磁流量计、流量计、计时器、建筑物量水、水尺、以电折水等	是	2 670	电磁流量计、流量计、计时器、建筑物量水、电表、以电折水等	是	414	电磁流量计、计时器、建筑物量水等	是	
江北新区合计	18	以电折水	是	39	流量计、计时器、超声电表	是	—	—	—	
高淳区合计	5	电磁流量计、计时器、建筑物量水	是	82	电磁流量计、计时器、建筑物量水	是	414	电磁流量计、计时器、建筑物量水	是	
溧水区合计	9	电磁流量计、计时器、建筑物量水	是	478	电磁流量计、计时器、建筑物量水	是	—	—	—	
江宁区合计	36	电磁流量计、水尺	是	445	流量计、超声波流量计、计时器	是	—	—	—	
浦口区合计	7	电磁流量计	是	90	电磁流量计	是	—	—	—	
六合区合计	14	流量计、计时器、建筑物量水、水尺	是	1 536	流量计、计时器、建筑物量水、水尺、以电折水	是	—	—	—	

续表

地区	取水口计量情况			支渠计量情况			斗渠计量情况			备注
	取水口数量	计量形式	是否计量全覆盖	支渠口门数量	计量形式	是否计量全覆盖	斗渠口门数量	计量形式	是否计量全覆盖	
徐州市	106	管道式流量计、电磁流量计、声学多普勒测流、明渠流量计、雷达表面流速、多层时差法明渠流量计、闸门开度仪+水位计等	是	981	流量计、以电折水、多层时差法明渠流量计、声学多普勒测流、雷达表面流速、矩形槽+浮子水位计、巴歇尔槽+浮子水位计、计时器等	是	7 241	流量计、以电折水、标尺、计时器、插入式电磁流量计、分流式超声波流量计等	是	是
丰县合计	12	流量计	是	37	流量计、以电折水	是	543	流量计、以电折水、标尺	是	是
沛县合计	13	管道式流量计	是			是	1 129	插入式电磁流量计、计时器	是	是
铜山区合计	23	电磁流量计、声学多普勒测流、雷达流量计、多层时差法明渠流量计、闸门开度仪+水位计	是	427	多层时差法明渠流量计、以电折水、声学多普勒测流、雷达表面流速、矩形槽+浮子水位计	是	2 103	电磁流量计、计时器、以电折水、多层时差法明渠流量计	是	是
睢宁县合计	9	流量计	是	261	流量计、计时器、以电折水	是	799	流量计、以电折水、标尺	是	是
邳州市合计	22	明渠流量计	是	56	明渠流量计	是	1 506	计时器、电磁流量计	是	是

地区	取水口计量情况				支渠计量情况				斗渠计量情况				备注
	取水口数量	计量形式	是否计量全覆盖		支渠口门数量	计量形式	是计量全覆盖		斗渠口门数量	计量形式	是否计量全覆盖		
新沂市合计	17	多普勒明渠流量计、插入式电磁流量计	是		200	明渠超声波流量计、插入式电磁流量计	是		790	分流式超声波流量计、插入式电磁流量计	是		
贾汪区合计	10	明渠流量计、电磁流量计	是						371	电磁流量计	是		
常州市	6	人工测量、超声波测量等	是		35	量水建筑物	是						
溧阳市合计	6	人工测量、超声波测量	是		35	量水建筑物	是						
南通市	12	以电折水、水闸量水等	是		4 767	电磁流量计、多普勒明渠流量计、"以电折水"模块、"以电折水"率定等	是						
海安市合计	5	以电折水、水闸量水等	是		1 972	电磁流量计、多普勒明渠流量计、"以电折水"模块、"以电折水"率定	是						
如皋市合计	6	涵闸量水	是		1 823	以电折水	是						
如东县合计	1	以电折水	是		972	以电折水	是						取水口均在九圩港
连云港市	258	闸位计、明渠流量计、率定计量、水尺计时测算等	是		1 085	明渠流量计、水位计时测算、闸位计率定计量等	是		10 508	明渠流量计、率定计量、泵站流量计、泵站"以电折水"、流量计等	是		

续表

地区	取水口计量情况			支渠计量情况			斗渠计量情况			备注
	取水口数量	计量形式	是否计量全覆盖	支渠口门数量	计量形式	是否计量全覆盖	斗渠口门数量	计量形式	是否计量全覆盖	
东海县合计	247	闸位计、明渠流量计、率定计量	是	664	闸位计、明渠流量计、率定计量	是	5 597	明渠流量计、率定计量	是	
赣榆区合计	11	流量计、水尺计时测算	是	421	明渠流量计、水位计时测算	是	2 884	明渠流量计、泵站"以电折水"	是	
灌云县合计							1 219	流量计、以电折水	是	
灌南县合计							723	流量计、以电折水	是	
海州区合计							85	流量计、以电折水	是	
淮安市合计	79	明渠流量计、流量计、以电折水等	是	707	明渠流量计、量水尺、电磁流量计、泵站"以电折水"等	是	4 364	明渠流量计、计时器、电磁流量计、量水尺、以电折水	是	
清江浦区合计	4	明渠流量计	是	78	明渠流量计	是	482	明渠流量计	是	
淮安区合计	15	明渠流量计	是	228	明渠流量计	是	1 046	明渠流量计、量水尺	是	

地区	取水口计量情况			支渠计量情况			斗渠计量情况			备注
	取水口数量	计量形式	是否计量全覆盖	计量支渠口门数量	计量形式	是否计量全覆盖	计量斗渠口门数量	计量形式	是否计量全覆盖	
淮阴区合计	4	明渠流量计	是	6	水位计	是	713	明渠流量计、计时器、电磁流量计	是	
洪泽区合计	2	明渠流量计	是	12	明渠流量计	是	255	明渠流量计	是	
涟水县合计	4	明渠流量计	是	47	量水尺等	是	689	明渠流量计、量水尺等	是	
金湖县合计	43	以电折水	是	222	以电折水	是	1 076	以电折水	是	
盱眙县合计	7	泵站"以电折水"	是	114	电磁流量计、泵站"以电折水""以时折水"	是	103	泵站"以电折水"	是	
盐城市	415	插入式电磁流量计、计时器、流量积算仪、以时折水、以电折水、流量率定智能流量计等	是	2 145	以电折水、明渠流量计、装配式移动管道明渠流量计、远程传输计电器等	是	4 618	插入式电磁流量计、计时器、流量积算仪、以电折水、固定式明渠管道流量计、装配式移动管道明渠流量计、远程传输计电器等	是	

江苏灌区农业用水计量设施建设及信息化设计方法

地区	取水口计量情况			支渠计量情况			斗渠计量情况			备注
	取水口数量	计量形式	是否计量全覆盖	支渠口门数量	计量形式	是否计量全覆盖	斗渠口门数量	计量形式	是否计量全覆盖	
东台市合计	3	插入式电磁流量计、计时器、流量积算仪、以电折水	是			是	989	插入式流量计、计时器、流量积算仪、以电折水	是	
盐都区合计	37	以电折水	是							取水口为干渠渠首，支渠、斗渠为灌排结合，未安装
建湖县合计	24	以电折水、以时折水	是	89	以电折水	是	364	以电折水、以时折水	是	
射阳县合计	37	流量率定智能流量计	是	92	明渠流量计	是	829		是	干支渠相通、支渠未计量
阜宁县合计	266	涵洞流量计	是	18	固定式明渠管道流量计、装配式移动管道明渠流量计、远程传输计电器	是	497	固定式明渠管道流量计、装配式移动管道明渠流量计、远程计电器	是	
响水县合计	22	无计量设施	是	108	无计量设施	是	1 225	计时器、流量计	是	

地区	取水口计量情况			支渠计量情况			斗渠计量情况			备注
	取水口数量	计量形式	是否计量全覆盖	支渠口门数量	计量形式	是否计量全覆盖	斗渠口门数量	计量形式	是否计量全覆盖	
亭湖区合计	4	以电折水	是	20	以电折水	是	120	以电折水	是	
大丰区合计	7	以电折水	是	66	以电折水	是	198	以电折水	是	
滨海县合计	15	流量计	是	1 752	流量计	是	396	流量计	是	
扬州市合计	195	流量计、管道式电磁流量计、水位计、明渠超声波流量计、泵站专用计量建筑物量水、以电折水等	是	1 087	流量计、计时器、一体化板闸建筑物量水、管道式电磁流量计、以电折水等	是	10 081	流量计、管道式电磁流量计、配式管道流量计、智能一体化流量计、泵站专用计量表、计时器、水尺牌建筑物量水、长喉槽、简易量水、文坎、三角堰、文丘里流量计等	是	
宝应县合计	32	流量计	是	417	流量计、计时器	是	3 863	流量计、计时器	是	

续表

地区	取水口计量情况			支渠计量情况			斗渠计量情况			备注
	取水口数量	计量形式	是否计量全覆盖	支渠口门数量	计量形式	是否计量全覆盖	斗渠口门数量	计量形式	是否计量全覆盖	
高邮市合计	68	管道式电磁流量计、水位计量水、明渠超声波流量表、泵站专用计量表	是	145	明渠超声波流量计、一体化板闸流量计、水尺牌建筑物量水、管道式电磁流量计	是	1 347	管道式电磁流量计、装配式管道流量计、智能一体化流量计、泵站专用计量表、计时器、以时折水	是	
仪征市合计	16	流量计	是	27	流量计	是	1 175	计时器	是	
江都区合计	6	水尺牌建筑物量水	是	158	水尺牌建筑物量水、超声波流量计、计时器、流量计	是	2 435	水尺牌建筑物量水、长喉槽、简易量水堰、文丘里流量计、计时器	是	
邗江区合计	42	流量计	是	265	计时器	是	450	计时器	是	
广陵区合计	31	以电折水	是	75	以电折水	是	811	超声波流量计、计时器	是	
镇江市	16	计时器、流量计等	是	28	计时器、流量计等	是	198	计时器、流量计等	是	

地区	取水口计量情况			支渠计量情况			斗渠计量情况			备注
	取水口数量	计量形式	是否计量全覆盖	支渠口门数量	计量形式	是否计量全覆盖	斗渠口门数量	计量形式	是否计量全覆盖	
句容市合计	13	计时器、流量计	是	14	计时器、流量计	是	193	计时器、流量计	是	
丹徒区合计	3	流量计	是	14	流量计	是	5	流量计	是	
泰州市										
高港区合计										灌溉泵站直挂干支渠、318取水口,均为超声波流量计
姜堰区合计										灌溉泵站直挂干支渠、2 263取水口,以计时器为主,个别为超声波流量计
靖江市合计										灌溉泵站直挂干支渠、862取水口,其中"以电折水"270,计时器530、流量计62

续表

地区	取水口计量情况			支渠计量情况			斗渠计量情况			备注
	取水口数量	计量形式	是否计量全覆盖	支渠口门数量	计量形式	是否计量全覆盖	斗渠口门数量	计量形式	是否计量全覆盖	
泰兴市合计										灌溉泵站直挂干支渠，2 704取水口，均为计时器
宿迁市合计	41	流量计、明渠流量计、以电折水、水工建筑物量水等	是	213	固定量水设施、明渠流量计、以电折水、水位计、水工建筑物量水等	是	2 168	流量计、固定量水设施、明渠流量计、量水槽等	是	
沭阳县合计	7	流量计	是	75	流量计	是	890	流量计、以电折水	是	
泗阳县合计	7	明渠流量计	是	12	固定量水设施、明渠流量计	是	167	固定量水设施、明渠流量计	是	
泗洪县合计	16	以电折水	是	16	以电折水	是	94	超声波流量计、以电折水	是	
宿豫区合计	5	明渠流量计、以电折水	是	32	明渠流量计、以电折水	是	595	电磁水表、量水槽、以电折水、明渠流量计	是	
宿城区合计	6	流量计、水工建筑物量水	是	78	流量计、水工建筑物量水	是	422	以电折水、水工建筑物量水、流量计	是	

此外,调研组还以灌区为单位,统计了全省大中型灌区斗渠以上口门计量设施配备情况,具体信息见表 3-2。结果显示,截至 2020 年底,大中型灌区骨干工程全部实现斗渠以上口门供水计量,全省大中型灌区共有 1 217 处取水口、13 718 处支渠口门、39 592 处斗渠口门,均实现计量。计量形式多样,主要计量形式包括电磁流量计、流量计、超声波流量计、明渠流量计、计时器、建筑物量水、电表、水尺、标尺、以时折水、以电折水等。

3.3 计量设施对比

根据前面调研的计量设施类型可以知道,江苏省计量设施多采用电磁流量计、超声波流量计、量水槽、以电折水、以时折水等形式。本部分综合设备成本、施工难度、管护成本、稳定性、精度、自动化程度、欢迎度等因素,比较了几种不同计量类型的特点,详见表 3-3。

表 3-3 不同计量类型对比

计量类型		设备成本	施工难度	管护成本	稳定性	精度	自动化程度	受欢迎程度
相关系数折算量水	以电折水	低	低	低	高	较高,需要定期率定	无人值守	高
	以时折水	低	低	低	高			高
	流动机船	低	低	低	较高			在泰州地区受欢迎程度高
仪表类流量计量水	电磁流量计	高	高,安装严格	较高	较高	较高,受水杂质影响大		较高
	超声波流量计	高		较高	较高			较高
	明渠流量计	高		较高	较高			较高
	流量积算仪	高		较高	较高			较高
	便携式电磁流量计	低	无	低	较高		需要人工读取,但携带方便	较高
	超声波水表	低	低	较高	较高		无人值守	较高
特设量水设施量水	量水槽+量水堰	高	高	较高	较高,要求加工精度高,使用时限制条件较多		无人值守	一般
水工建筑物量水	水尺	低	低	低	高	低	一般需要人工读取	一般

从上表中可以看出,从设备成本、施工难度、管护成本等角度来比较,利用相关系数折算量水的优势较大,其设备成本低、施工难度低、管护成本也低;从设备稳定性角度来比较,利用相关系数折算量水和水工建筑物量水稳定性高于仪表类流量计量水和特设量水设施量水;从设备精度角度比较,除水工建筑物量水外,其余量水方式精度均较高,需要定期率定;从设备自动化程度比较,除水工建筑物量水和部分仪表类流量计量水需要人工读取外,其余都无须人值守,自动化程度较高;从受欢迎程度来比较,相关系数折算量水最高,其次是仪表类流量计量水,特设量水设施量水和水工建筑物量水一般。因此,相关系数折算量水是值得推荐的计量方法。

3.4 计量设施发展

量水是实现计量收费的重要保证,是推动农业水价综合改革工作发展的基础性工作。量水建筑物及仪器必须满足量水精度高、操作方便、稳定耐久的要求,不仅需要满足造价低廉、经济适用、便于维护的要求,还需要具有全面推广的价值。通过对计量设施类型、数量和各自优缺点的研究分析,从三个方面提出了江苏省计量设施建设发展的方向,具体内容如下:

(1)量水设施向"低水头损失、低造价"方向发展

对于地形平坦的平原区如何维持有效水头,扩大自流灌溉面积,减少由于量水而引起的水头损失,是人们在将来研制和开发量水设备时必须关注的问题。要避免"喝大锅水",就必须加强"斗、农渠"的量水工作,"斗、农渠"量水面广量大,其量水设施的价格要符合老百姓的承受能力。在当前农村经济欠发达的情况下,造价低廉、精度符合要求的量水设施必将是未来一段时间的主要发展方向。

目前,全省共有计量设施 137 235 台套,其中相关系数折算量水共106 102处,占比为 77.31%,占比最高;其次是仪表类流量计量水共 19 796台,占比为14.43%;特设量水设施量水共 10 619 处,占比为 7.74%;水工建筑物量水共 718 处,占比为 0.52%。采用相关系数折算量水方式具有成本低、测算效率高等优点,目前全省采用此方式进行量测的范围较广,如何提高此方法的量测精度是后续工作的重点。

(2)田间量水向"标准化、装配式、便携式"方向发展

随着灌区节水改造工程的实施,灌区基础设施状况将会明显改善,农业

生产集约化程度将大大提高,灌溉用水条件将趋于一致,田间配水渠道也将趋于标准化,因此发展装配式的量水设备,使用便携式仪表进行测量,是灌区田间量水技术发展的必然趋势。目前全省采用仪表类流量计量测的比例达14.43%,是全省除相关系数进行折算水量外,占比第二重的量水方式,因此,发展成本低、精度高、方便携带、测量方便的仪器也是后续工作的重点。

(3) 灌区量水向"信息化、自动化"方向发展

随着我国灌溉体制改革的普遍推行和农业现代化水平的提高,自动化测量和调控已经成为量水发展的趋势,自动化量测、传输、分析灌区量水的发展方向,将先进仪器与技术方法和量水设施结合起来用于灌区量水,实现信息采集监测的数字化、远程化、自动化。

目前,江苏已建立江苏省智慧大型灌区平台、江苏省智慧水利云平台,对灌区进行信息化管理。其中,江苏省智慧大型灌区平台主要包括灌区可视化集中展示系统、灌区管理"一张图"系统、灌区信息采集处理系统、灌区量测水管理系统、灌区水费计收管理系统、灌区工程管理系统、灌区水价改革情况管理系统等。江苏省智慧水利云平台是以省厅为中心,连接全省 13 个设区市水利(务)局、8 个厅属工程管理处、13 个市水文局,以及县水利(务)局、管理处,基于水利专网为各级水利用户提供空间信息服务、属性数据服务和业务功能服务。

总的来说,全省大型灌区信息化程度高,建设和管理基础好,但中型灌区目前基础较为薄弱,各中型灌区信息化建设也存在一定的差异。目前中型灌区的数据资源主要存在基础数据管理不规范、数据监测管理不完善的问题,在基础数据管理方面也尚未形成统一的水利基础数据资源及更新系统,在一定程度上影响着灌区工作的指导和领导的决策。因此,随着国家和社会发展的要求,加快中型灌区信息化建设急切且必须。

4 计量设施管护分析

管理是保证灌区持续正常运行的必要手段,随着量水设施的发展和普及,也对灌区管理提出了更高的要求。江苏省自改革以来一直重视灌区管理,重视对水利工程的管理,重视对量水设施的管理,并设有专门的管理机构和人员对量水设施进行管理。本章节从管护制度、管护组织、制度考核和管护经费等方面对全省计量设施管护现状进行分析,总结我省计量设施管护工作的优点,分析存在的不足。

4.1 管护制度建立

4.1.1 国家层面

国家发展改革委、财政部、水利部、农业农村部联合印发了《关于加大力度推进农业水价综合改革工作的通知》(发改价格〔2018〕916 号),文件中明确农业水价综合改革的制度设计应体现定额控制、供水计量、水价标准、奖补规定、用水组织、长效管护 6 个方向的改革目标。其中,长效管护是指:一是长期落实管护经费;二是建设长期管护队伍;三是建立管护制度及长期考核制度。

计量设施管护是供水计量建设的工作之一,确保供水计量建设工作的长效管护,首先要做好计量设施管护。计量设施的管护工作包括:对量测点的进出口水流条件水位的观测;对流量、水量进行完整齐全、详细可信的记录,以作为配水和收费的依据;对量水设备定期进行维护,对堰槽类量水设施进行清淤修缮,对建筑物量水及仪表类量水设施进行流量系数的校核,以保证量水的精度,延长量水设施的使用寿命。

4.1.2 省级层面

早在 2014 年,《省水利厅 省财政厅关于印发〈江苏省小型农田水利工程管理办法(试行)〉的通知》(苏水农〔2014〕13 号),文件中提到要加强包括乡镇水利(务)站、农民用水者协会、水利合作社等在内的基层水利管理服务体系建设,积极探索社会化、专业化的多种工程管理模式。随后在开展农业水价综合改革过程中,《省政府办公厅关于推进农业水价综合改革的实施意见》(苏政办发〔2016〕56 号)、《关于深入推进全省农业水价综合改革的通知》(苏水农〔2017〕21 号)、《关于进一步深入推进全省农业水价综合改革工作的通知》(苏水农〔2018〕30 号)以及《关于深入推进农业水价综合改革的通知》(苏水农〔2019〕22 号)等文件均强调了加强管理服务体系建设,包括做好用水管理、水费计收等工作。计量设施的建设和稳定运行是保障用水管理、水费计收等工作的前提,加强管理服务体系建设有利于计量设施的建设和管护工作的有序开展。

4.1.3 市县层面

经调研,全省涉及农业水价改革的 13 个设区市及 79 个县(市、区)均出台了市级或县级小型农田水利工程管护办法,办法中明确了对全县(市、区)小型农田水利设施的管护办法,其中包括计量设施相关设备的管护办法。

4.1.4 镇级层面

经调研,全省部分地区如江宁区各街道、响水县各镇(社区)等街道办、镇政府印发了各街道、镇的小型农田水利田间工程管护考核办法,办法中明确了对各街道、镇小型农田水利田间工程的管护内容,其中包括了计量设施相关设备的管护内容。

4.2 管护组织建设

通过查阅各地改革台账资料、现场查看组织建设等方式,调研组对全省涉及改革的区域进行了管护组织建设调研,重点包括管护组织建设数量、管护组织日常运行、管护工作相关考核等。

4.2.1 管护组织数量

国家发展改革委、财政部、水利部、农业农村部于 2019 年 5 月联合印发的《关于加快推进农业水价综合改革的通知》(发改价格〔2019〕855 号)进一步明确,大中型灌区的末级渠系工程管护责任细化分解到农村集体经济组织、用水合作组织等用水主体,满足工程运行维护的需要。小型灌区工程管护责任按农业水价制定权限或由供用水双方通过协商确定,以满足工程运行维护的需要。

为保障农村水利健康发展,江苏省注重小型农田水利工程管理体制改革和运行机制的完善。江苏省各地推进工程管护组织多元化建设,鼓励因地制宜选择农民用水合作组织管理、农村集体经济组织管理、水管单位管理以及购买社会化服务等模式,构建并完善以乡镇水利站为纽带,以灌区管理单位、农民用水合作组织、灌排服务公司等为主体,以村级水管员为补充的管理服务网络。

根据调研结果绘制全省管护组织建设进度图,如图 4-1 所示。从图中可以看出,全省管护组织建设可以分为三个阶段,包括前期、中期和后期,其中 2016—2017 年是管护组织建设的前期阶段,建设进度较缓慢,全省管护组织覆盖率在 20%～40%;2018—2019 年是管护组织建设的中期发展阶段,建设进度较快,全省管护组织覆盖率达 99%;2020 年是管护组织建设的后期阶段,到 2020 年 10 月,全省管护组织全覆盖达 100%。

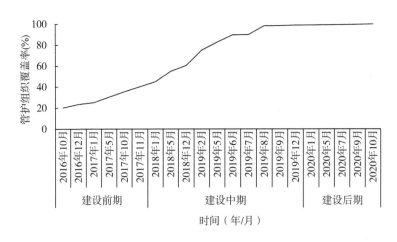

图 4-1 江苏省管护组织建设进度图

经统计,全省现有管护组织 5 675 个,类型包括农民用水者协会、农民用水服务专业合作社、农民用水灌排专业合作社、灌溉服务队、灌排服务有限公司、家庭农场/大户、圩区管理局、种植公司、维修养护处等(管护组织类型见图 4-2),相较于 2014 年仅有的 755 个用水者协会,现管护组织数量增加了 6.5 倍,保证了灌溉工程的正常运行。

4.2.2 管护组织运行

本次实地调研了全省范围内共 126 个工程管护组织,管护组织均覆盖应改面积,管护运行较为规范。共发放调查问卷 500 余份,群众对工程管护组织

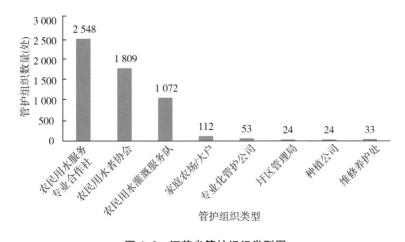

图 4-2 江苏省管护组织类型图

运行情况"满意"的占比为 80%，"较满意"的占比为 15%，另外还存在少部分群众对管护组织不了解的情况。此外，在调研的区域内未见明显的工程运行投诉事件，运行管护状态良好。

经现场调研，各管护组织运行章程、工程管护制度、灌溉管理及水费计收制度、管护组织考核机制、管护组织财务管理制度等较为健全（见图 4-3）。各工程管护组织均制定了运行章程，明确了管护责任。管护协议、农田水利工程日常管护记录、管护考核等台账资料较为清晰（见图 4-4）。

（a）管护组织运行章程上墙

（b）工程管护制度、管护组织财务管理制度及灌溉管理制度等上墙

图 4-3　管护组织制度

谷里街道灌区用水者协会工程管护协议

甲方：江宁区谷里街道灌区用水者协会

乙方：南京柏树用水服务专业合作社

为切实加强谷里街道灌区用水者协会管理范围内农水工程的长效管理，全面改善农水工程面貌，充分发挥工程效益，明确甲、乙双方职责，经甲、乙双方共同磋商，订立本协议。

一、农水工程管护内容：__本用水者范围内的农水工程（泵站、沟渠、灌溉管道）__

二、工程管护时间：__2018__ 年 1 月 1 日至 __2018__ 年 12 月 31 日

三、双方职责：

1、甲方职责：甲方负责对乙方所管护农水工程及其附属工程设施管理工作进行行中、年末考核；负责管理范围内开发建设项目和其他各类生产生活活动的协审；负责农水工程管护人员的技术培训。

2、乙方职责：乙方负责辖区内街道投资建设（含街道以上）农水工程的日常管理、运行和维护，确保工程完整、完善、运行正常；负责辖区内有关水利法律、法规的宣传；负责辖区内农水工程管护资料的收集、汇总上报和年度资料的归档等工作，具体参考内容详见《南京市江宁区小型农田水利工程管理办法》、《南京市江宁区农村泵站管理办法》。

四、考核管理办法：

1、定期考核：甲方将对乙方的管护工作采取上半年和下半年定期检查考核，实行百分考核制。

2、年度考核得分：年中定期考核结果占 50%，年末考核结果占 50%。

五、合同金额及奖惩：

每年年末根据年度考核得分实行奖惩。考核结果评定为优秀、良好、合格、不合格，其中优秀（90≤优秀≤100），良好（80≤良好≤89），合格（60≤合格≤79），不合格（不合格<60）。

六、本合同一式贰份（共 2 页），甲、乙双方各执壹份，共同签字后生效。

其他未尽事宜，甲、乙双方协商后另行补签。

甲方：　　　　　　　　　　乙方：

签订日期：　年　月　日

（a）管护协议

谷里街道水管员合同

甲方：南京柴见用水服务专业合作社

乙方：郑连龙（身份证号：　　　　　　　　）

乙方被聘为谷里街道柴见村水管员，双方就有关事项进行了磋商，签订如下协议条款。

一、乙方职责

1、认真贯彻执行国家、省、市、区有关河长制相关工作的方针政策和法律法规，积极参加水行政主管部门组织的河长制相关知识和水法律法规的学习培训。

2、接受服从水行政主管部门对管护工作的指导、监督和检查，定期向社区委员会、街道水务站和街道河长办汇报管护工作开展情况。

3、对本社区管辖的农村水利工程（灌溉、排涝、农村饮水、河道、塘坝、水土保持、涉水的水库移民后期扶持等工作）做好巡查、检查、管理和看护工作，充当起农村水利工程设施维护员的角色。

4、对本社区在建的小型农村水利工程进行质量、安全监督，充当工程质量监督员和施工安全员的角色，工程竣工后，积极开展农村水利运行的技术指导与服务。

5、汛期负责对管辖内河道、提防水库、塘坝、排水闸等防汛工程进行安全隐患排查，发现险情及时报告社区委员会、街道水务站和街道河长办。

413

208

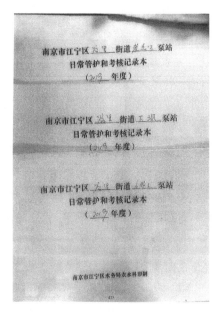

（b）农田水利工程日常管护记录

村级水管员考核表

序号	社区	姓名	考核评分					奖金	签字
			第一季度	第二季度	第三季度	第四季度	综合评分		
1	谷里社区	吕万明	良好	良好	良好	良好	良好	¥5,800	吕万明
2	公塘社区	汤阳	优秀	优秀	优秀	优秀	优秀	¥6,000	汤阳
3	亲见社区	郭建龙	合格	良好	优秀	良好	良好	¥5,800	郭建龙
4	向阳社区	王维	合格	良好	良好	良好	良好	¥6,000	王维
5	张溪社区	郑光伟	良好	良好	良好	良好	良好	¥5,800	郑光伟
6	柏树社区	金伟	合格	良好	良好	良好	良好	¥5,800	金伟
7	箭塘社区	周传华	优秀	优秀	优秀	优秀	优秀	¥6,000	周传华
8	荆刘社区	李新	优秀	优秀	优秀	优秀	优秀	¥6,000	李新
9	石坝社区	陈大森	优秀	优秀	良好	良好	良好	¥5,800	陈大森
10	周村社区	张义宝	优秀	良好	良好	良好	良好	¥5,800	张义宝
11	双塘社区	杨黎林	良好	良好	合格	良好	良好	¥5,800	杨黎林

考评人：　　　　　　　　　　　　考核时间：　　　　年　　月　　日

（c）农田水利工程日常管护考核记录

图 4-4　管护台账资料

4.2.3　管护工作考核

经调研,管护组织考核依据管护协议的签订分为水管单位与管护组织（或公司）、管护组织（或公司）与管护责任人、水管单位与管护责任人三种形式。根据管护协议约定的内容,明确双方工作内容、考核标准、考核内容。考核大多分为定期考核(汛前、汛后)、季度考核、半年考核、年度考核,结合季度考核、定期考核来合计年度考核得分,考核内容包括:①台账资料:管护人员定期维护计量设施台账,维修计量设施台账、水量记录台账;②现场查看:计量设施能否正常运行,计量设施运行操作是否符合规定,泵房内是否张贴计量设施使用规程等。

通过查阅台账资料,全省计量设施管护组织考核总体达标。各管护组织管护协议、管护考核台账齐全,组织开展考核的过程合理,但也有部分组织考核工作存在一些问题:一是部分组织管护责任不明确、不规范,调研结果显示,仍存在个别组织责任未明确,个别组织未及时签订管护协议,工程巡检、考核记录缺少的问题;二是部分组织管护工作不到位,调研发现部分管护人员年纪较大,维修工作不够及时;三是仍然存在一些计量设施只是摆设的现象,没有用水台账和运行维护台账。

在后续的工作中需要引起重视,严格管护责任,及时落实整改,开展形式多样的业务培训,杜绝计量设施只是摆设的现象,继续加强考核工作,提高计量设施的管理运行水平,提升其管理效果。

4.3 管护经费落实

国务院办公厅于 2016 年 1 月印发的《国务院办公厅关于推进农业水价综合改革的意见》(国办发〔2016〕2 号)明确要求统筹"农田水利工程设施维修养护补助"资金,用于精准补贴和节水奖励。同年 2 月,水利部印发的《水利部关于做好中央财政补助水利工程维修养护经费安排使用的指导意见》(水财务〔2016〕53 号)明确要求要统筹做好对各类农田水利工程维修养护的支持,既可以补助已基本完成水利工程管理体制改革任务的大中型灌区、泵站工程维修养护,也可以用于农村集体经济组织以及农民用水合作组织、农民专业合作社等新型农业经营主体开展小型农田水利工程维修养护。

江苏省结合"小农水"管护现状,统筹安排奖补资金,通过建立健全管护考核办法,兑现"小农水"管护资金,结合农田灌溉面积、农田水利工程维修养护经费需求等情况,按照统筹安排农田水利维修养护资金、精准补贴与节水奖励资金等要求,统筹整合管护经费,将"小农水"管护补助与精准补贴和节水奖励统筹实施到位。计量设施管护资金通常来源于工程管护资金,结合设施维修管护的实际情况,按照其管护需要申请拨款。自 2016 年以来,江苏省共落实省以上管护经费 8.9 亿元,引导带动各地落实管护经费 23.4 亿元,亩均 5 年合计投入管护经费 11.89 元,即使 2020 年受新冠疫情影响,江苏地方配套管护经费也达到了 3.32 亿元,如图 4-5 所示。

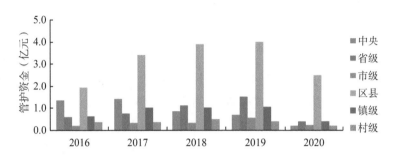

图 4-5 江苏省 2016—2020 年工程管护资金投入

4.3.1 资金支付进度

经调研,各地建立了管护专项资金条目,每年能够做好支付前期准备,编制用款计划,合理提出支付申请并及时分配使用。管理部门内设机构各司其职,各负其责。能够做到认真审核用款申请,并及时下达用款额,保证了计量设施的建设和管护工作有序稳步发展。

4.3.2 资金考核情况

经调研,调研区域计量管护资金使用规范,按实发放到位。各地区规范农田水利工程维修养护资金的安排和使用,建立专项资金考核发放机制,按照实际管理情况发放资金,确保专款专用;同时也建立了管理奖补资金分配使用的台账,能够做到管护账目较清楚、账实相符,提高资金使用的效益,加快了建立农田水利工程后计量设施管护制度的良性运行。

4.4 管护考核制度

计量设施验收合格后,仍需定期维护与管理,保证设施长效运行。计量设施管护通常从两个方面进行考核,分别是计量措施考核和农田水利工程管护考核,二者同属农业水价综合改革工作,按照农业水价综合改革工作要求,江苏省每年开展农业水价综合改革工作考核。本节主要是通过查阅资料、台账等方式进行调研,从全省小型农田水利工程管理工作考核到农业水价综合改革工作绩效评价,再到农业水价综合改革工作验收办法,由前期加快计量设施建设到后期加强计量设施管护,由浅入深,强调了江苏省对管护工作的重视。

4.4.1 小型农田水利工程管理考核

2016 年,为切实加强江苏省全省小型农田水利工程管理考核工作,促进农村水利事业可持续发展,省水利厅、省财政厅发布了《江苏省水利厅、财政厅关于印发〈江苏省小型农田水利工程管理考核办法(试行)〉的通知》(苏水农〔2016 年〕1 号),明确了江苏省小型农田水利工程管理考核评分办法,制定了管理考核评分表,其中,农业水价综合改革工作共 10 分,占比为 10%,包括农业水价综合改革政策方案出台(2 分),计量设施配套(1 分),渠系配套及节水设施建设(1 分),建立农民用水合作组织(2 分),完成农业水权分配(1 分),建立水价形成机制(1 分),建立精准补贴和节水奖励机制(2 分)。

自省级印发小型农田水利工程管理考核办法后,各县(市、区)依据此办法,结合地区实际也制定了地方的小型农田水利工程管护办法,通常以考核工程管护与用水管理为主,其中涉及计量设施部分的有:加快计量设施建设、加大对管护工作的投入、健全管理体制、创新运行管护机制,保证工程建得起、管得好、长受益。部分县(市、区)还结合实际情况制定适宜地方发展的考核标准,依据"小农水"管护考核标准,按百分制得分权重,兑现"小农水"管护经费。

4.4.2 农业水价综合改革绩效评价

2017 年,省水利厅印发了《江苏省农业水价综合改革工作绩效评价办法(试行)》(苏水农〔2017〕26 号),每年评价一次。评价内容分为改革工作开展情况和任务完成情况,工作评价共 20 分,任务评价共 80 分。任务评价围绕改革实施范围、夯实改革基础、水价形成机制和奖补机制等改革重点任务进行评价,共设置 14 项细化评价指标。其中,第 9 条配备完善供水计量设施设置分值 8 分,明确工程管护责任设置分值 3 分,健全管护组织设置分值 2 分,合理测算并制定农业水价设置分值 13 分。

自制定农业水价综合改革工作绩效评价办法以来,省级每年均会编制全省年度工作绩效评价材料,围绕健全农业水权制度、出台工程管护办法、落实管护资金、明确用水定额、下达用水计划等方面,对全省改革工作进行总结。依据各地实际情况,对照赋分标准进行打分,并依据各地得分,安排奖补经费。

4.4.3　农业水价综合改革验收办法

2019 年,省水利厅、省发展改革委、省财政厅、省农业农村厅等四部门联合印发了《江苏省农业水价综合改革工作验收办法》(苏水农〔2019〕27 号)(以下简称《验收办法》)。该《验收办法》明确规定了江苏省农业水价综合改革工作验收依据、验收条件、验收组织和验收评定等。江苏省按照已出台的《验收办法》严格标准、规范程序,有计划、分阶段地做好改革验收工作,在全国率先高质量完成农业水价综合改革任务。

工程管护及计量设施管护工作在此次改革工作中占有重要地位。《验收办法》第六条是验收必须要满足的条件,其中第 2 点、第 3 点和第 5 点分别为:计量措施覆盖全部改革区域;农业用水价格达到运行维护成本;管护主体和责任落实,管护组织运行良好。《验收办法》赋分对照表的第 7 条科学核算农业水价、第 14 条出台管护办法、第 15 条明晰工程产权、第 16 条落实管护资金、第 17 条明确管护责任和第 18 条完善供水计量措施共 24 分,总分占比为24%,占比较大,足见计量设施管护的重要。

4.5　管护工作总结

2020 年 10 月,全省实施农业水价改革区域计量设施管护工作均已初见成效,但以实现计量设施长效管护为标准,各地区在管护工作上仍存在不足之处。各地针对不足之处积极采取措施,截至 2020 年 12 月底,全省已基本实现计量设施长效管护。

4.5.1　计量设施全覆盖

截至 2020 年 12 月底,全省大中型灌区共有 1 217 处取水口、13 718 处支渠口门、39 592 处斗渠口门,实现了斗渠口门以上计量全覆盖。此外,江苏省共配备计量设施 137 235 台套,其中配备电磁流量计 8 988 台套、超声波流量计 7 660 台套、"以电折水" 57 411 处、"以时折水" 41 112 处、量水标尺 608 处、明渠流量计 1 605 台套。此外,泰州市姜堰区、兴化市还对独有"流动机船"打水模式开展专项率定,共配备"流动机船"计量设施 7 579 台套,实现斗口以下计量的全覆盖。

4.5.2　管护工作无死角

截至 2020 年 12 月底,全省实施农业水价改革的区域,针对地区和工程特点,多元化成立了 5 675 个管护组织,包括农民用水服务专业合作社、农民用水者协会、农民用水灌溉服务队、家庭农场/大户、专业化管护公司、圩区管理局、种植公司、维修养护处等八种形式。全省以乡镇水利站为纽带,以农民用水合作组织、专业化服务公司以及村级水管员队伍为主体的基层水利管理服务网络基本建立。各个管护组织建立健全管护制度,各组织内分工明确、责任明晰。针对计量设施管护工作中包含技术、管护、维修等工作实施责任到人,基层水利服务能力和水平持续提升,保障了管护工作的有序开展。

4.5.3　管护资金全落实

自 2016 年以来,全省共落实省级管护经费 8.9 亿元,引导带动各地落实管护经费 23.4 亿元,全省亩均投入管护经费达 11.89 元。省级每年以县级为单位,对上一年度省级以上农业水价综合改革资金支付进度进行统计,提高了资金使用率。各地均对工程管护设立专项资金,及时拨付、发放到位,确保了管护工作的有序开展。

4.5.4　管护考核常态化

2017 年 9 月,省水利厅印发了《江苏省农业水价综合改革工作绩效评价办法(试行)》,随后,各地均根据此办法结合各地实际,制定了本地区改革相关工作的考核办法,明确考核任务,落实具体管护责任,加强对管护人的监督管理,按期进行管护工作考核,将考核结果与奖补资金挂钩,促进了工程的长效管护。

5 管护工作存在的问题

本节从管护意识、管护经费、管护人员、管护责任、考核机制等五个方面分析在调研过程中发现的计量设施管护工作存在的问题。

5.1 管护意识不够强

近年来，随着水利投入的增加，水利基础设施建设速度的加快，一些地方更重视基础设施的建设，对现有设施的强化管理没有给予足够的重视。水利系统内"重建轻管"的思想依旧存在，计量设施安装验收合格后，认为大功告成，并未能及时将后期管护工作提上议事日程。工程管护意识不强，忽视对现有设施的维修和管护，随着运行时间越来越长，部分计量设施出现损坏、老化的现象，这降低了供水计量的准确性，不利于水价改革政策的实施与执行。

5.2 管护经费不充足

农村小型水利工程的管理和维护需要一定的经费，这是做好管护工作的基础。部分量水设施成本及技术要求高，随着计算机技术的飞速发展，传感器形式不断增多，功能强大的微机数据采集处理系统开始应用，但成本较高。

仪表型、设施型计量设备的安装经费绝大部分来自近 2 年国家和省农业水价综合改革专项资金，县级财政很少安排专项配套资金。从近几年"小农水"管护资金的来源和使用方向分析，也很难安排用于计量设施的专项投资，由于地方财力有限，这严重制约了农村小型水利工程日常维修养护工作。

尽管 2016 年 1 月印发的《国务院办公厅关于推进农业水价综合改革的意见》(国办发〔2016〕2 号)明确要求统筹"农田水利工程设施维修养护补助"资金，但对于基数较大的农村小型水利工程来说，用于管理和维护的经费还是少之又少，用于计量设施维管的经费更是微乎其微。

目前，计量设施管护无专项资金，管护经费基本依托"小农水"管护经费，但申请程序复杂，能申请到的经费有限，故而在计量设施建成后，管护经费来源成为重大问题。

5.3　人员配置不到位

目前,灌区计量设施体系建设薄弱,缺乏专业管护人员,尤其缺少掌握自动化、计算机等先进技术的量测人员。农业用水计量管护主要依靠设施建设单位,这些单位工作量大,人员数量紧张,往往缺乏专业的管护人员。

部分地区借鉴先进地区的"道班化"管理模式,通过市场化方式选择小型农田水利设施工程管护主体(招标确定的管护单位),但由于大部分基层组织相关工作经费保障程度低,很难设立专业的管护人员团队。目前各地区组建的管护团队大多没有经过正规培训,在计量设施的管理与维护上缺乏一定的经验和基本的常识,无法完全胜任计量管护工作,因此亟须打造一支具有专业技术的计量设施管护团队。

5.4　责任划分不明确

计量设施的管护在水价综合改革实施方案中,既属于计量设施建设后期工程,又可归为"小农水"管护工程,因此出现了责任分工不明现象。施工单位通常在计量设施建设竣工后即认为工程完工,不再负责后续的管理与维护;而"小农水"管护工作中通常因为工程设施复杂多样,易忽视计量设施的管护工作。更甚的是,部分地区两个管护主体出现相互推诿的情况。由于计量设施缺乏专业的管护人员,二者责任划分不明确,使得计量设施管护工作长期处于空白交界地带。

5.5　考核机制未落实

资料显示,从国家层面、省级层面、市县层面到镇级层面,均出台建立了计量设施相关管护办法、管护考核办法,但我们也可以发现,专门针对计量设施管护的管护办法、考核制度是没有的,计量设施管护的办法都是依附于小型农田水利工程管护办法以及农业水价综合改革考核机制。

各地区水利部门针对农业水价综合改革工作和农田水利工程管护工作均制定了较为完善的考核制度,但二者均无法直观、准确地反映关于计量设施管护工作的成效。水价改革工作覆盖面广、涉及指标繁多,包括组织领导、运行机制、改革成效等方面,运行机制中又包括工程管护机制和用水管理机制,计量设施管护考核通常由两者综合赋分。由于管护责任不明,因此无法衡量计量设施管护在二者间的占比权重,因此无法得到有效的分数。

各地农田水利工程管护考核标准不统一,部分地区将各项工程维护情况进行细化打分;部分地区从运行管理和安全管理等角度,对"小农水"管护进行综合打分。由于农水工程基数较大,考核机制落实困难,绝大部分地区仅对沟渠、闸门等水利基础设施管护情况进行考核,忽视了灌区计量设施管护的考核工作。且各地用于农田小型水利设施管理和维护的经费较少,部分地区缺乏具备相关管护知识的专业人员,加大了考核机制落实的难度。因此,建立专门针对计量设施的管护办法和考核机制是非常必要的。

6 相关工作对策和建议

目前,江苏省针对计量设施的管护力度还需要加强,在今后的工作中需要提高管护的积极性,注重落实管护的主体,并加强对管护组织的考核管理。

6.1 加强组织领导

各地水行政主管部门和各灌区基层组织要充分认识到计量设施在灌区建设和运行中的重要作用,高度重视后期管护工作,保障计量设施的正常运行。同时,制订出提高数据质量、强化数据应用、完善相关信息平台的工作计划,并明确分工安排,压实工作责任,抓紧组织实施。

6.2 明确责任范围

确定基层管护主体,明确划分管护范围,可以将管护工作列为专项工作。各地根据计量设施建设情况及当地实际情况,出台计量设施管护方案,可将管护工作明确划分于某一单位,也可组织专业团队全权负责。管护方案可多样化,但必须明确管护责任主体。要求安排专业的管护人员和专项资金,并制定相应的考核监管机制,责任到人。

由于现行农民用水者协会及其分会模式存在事责分离、职酬脱钩等实际问题,协商定价召集主体缺位或效率不高,致使协商定价往往流于形式。以灌溉泵站为计量单元,成立与泵站管理方式相适应的农民用水合作组织,融合现行的提水电费标准、收取方式、公示要求等内容,可以实效推进协商定价的规范化管理,实现农业水价运行机制政府定价、协商定价"双控"制度,体现水价运行机制的可达性特点。

6.3 加快资金筹集

地方各级水行政主管部门要加强与有关部门的沟通协调,多渠道筹集资金,鼓励社会资本参与灌区计量设施建设和管护,强化投入保障,对计量设施建设及计量设施的检定或校准、信息平台的建设及运维等予以支持。各地针对计量设施管理和维护设立专项资金,划分建设与管护的资金范畴,落实后期管护资金,对设施维护和平台运维等项目实行专款专用。

6.4　组建专业团队

将计量设施的维护和管理作为独立的项目,由基层各区县成立管护小组或公开招标确立管护单位。对于成立的管护团队,由地方各级水行政主管部门提前进行培训和考察,确保团队的专业性。管护人员可采用聘用制,由水行政主管部门或用水者协会等负责选聘工作,并对管护人员的职责做规范化、书面化管理。

6.5　严格监督考核

在已有农田水利工程考核制度基础上,细化有关计量设施管护的部分,制定专门的考核标准。在各基层成立计量设施管护团队后,由相关部门牵头成立相应的考核和督查机构,定期对各站计量设施管护情况进行检查,按百分制得分权重,发放管护经费。同时,对管护人员进行定量考核,量化排名,实行保证金制度,考核结果与是否继续聘用以及工资等挂钩,奖惩分明,进一步增强管理人员的责任心。对工作组织不力、进度滞后、监管不到位的情况,以通报、约谈等方式督促整改,从而促进计量设施管护工作向法制化、规范化方向发展。